JN298472

フレキシブル軽量形鋼

Visual C++ によるロールの自動設計
フレキシブル冷間ロール成形機械

小奈　弘　著

コロナ社

はじめに

　本書は「軽量形鋼成形技術」(コロナ社)の内容に加筆と一部の変更を行った改訂版である．加筆部分はフレキシブル軽量形鋼材を成形するPLC制御冷間ロール成形機械の制御方法，機械の構造，本機械によって成形されたフレキシブル軽量形鋼の製品例の紹介などである．ところで，フレキシブル軽量形鋼とは断面の幅が均一でない軽量形鋼のことである．このような不均一断面材の成形はプレス機械で成形するのが一般的であるが，この度，冷間ロール成形機械による成形を可能にした．本成形機による製品はプレス成形機に比較して単純な断面形状に限定されるものの長尺の不均一断面幅製品を成形できること，さらに，金型ロールの取り換えなしに異なる断面幅製品を成形できるなどの特徴を有している．

　このようにプレス成形と比較して優れた加工特性を有する本機械は，近年，急速に普及しているPLC(Proguramable Logic Control)制御を用いている．曲線に切断されているブランク材の板縁を一定幅に折り曲げるためにロールの位置制御と姿勢制御をPLC制御で行っているが，これらは第1章，および，第7章に記している．第2章から第5章に記す「ロール設計法」，および，第8章の「Visual C++によるロールの自動設計」は前書の内容と同じである．第6章は均一断面幅材を通常の冷間ロール成形機械で成形する際に生じる主な形状欠陥について，これの発生機構と対策についての「ロール調整法」を記しており，内容は前書と同じである．第7章はPLC制御冷間ロール成形機械の成形によって生じるウエッブ部分の膨らみ変形について記しているが，この変形はブランク材が凹凸の形状であるために生じるものである．プレス成形における伸びフランジ成形，縮みフランジ成形の問題がロール成形においても生じる．また，本機械の成形で生じるロール直下近傍の製品長手方向のひずみ推移，膜ひずみ推移を通常の冷間ロール成形の場合と比較した測定結果を記している．なお，フレキシブル軽量形鋼は建築材料としての需要が期待されるが，当面は強度を要求しないデザイン性を求める分野での使用が先行している．

　近年，ロール成形の分野もコンピュータシュミレーションによる解析的研

究，ロール成形品の製品精度向上，形状欠陥対策のための実験的研究などロール成形に関する研究も着実に進歩・発展しており，以前のように製造現場の技術者の経験，ノウハウによる経験優先技術から科学的検証に基づく技術へと移行している．ロール成形の今後の課題としては，コンピュータシュミレーションの信頼度向上，コンピュータ解析から成形品の欠陥を予測する診断技術の開発，PLC 制御技術を導入した新冷間ロール成形機械による新製品の開発，および，用途開発などがある．

参考文献には，主に「塑性と加工」誌に掲載された冷間ロール成形に関する論文や資料記事，ならびに，軽量形鋼に関する便覧，鉄鋼年鑑，JIS ハンドブックなどを載せた．特に，フレキシブル形鋼の成形に関する論文，参考文献は番号 124 から 134 にまとめた．わかりやすく記したつもりであるが，浅学非才のため不備な点や難解なところが少なくないと思われる．読者諸賢からご指摘を賜れば幸いである．

終わりに，本改訂版の第 1 章，第 7 章は拓殖大学工学部大学院学生，蒋 昱昊君の学位論文の一部である．学位論文の作成には本大学学部学生の協力を得たほか，日本塑性加工学会ロール分科会委員の方々には貴重なご指導とご意見を頂いた．また，付録 1 は PLC 制御冷間ロール成形機械の位置制御，姿勢制御を行う PLC プログラムの一部を記している．本プログラムは拓殖大学助手 中西研三氏の協力によるものである．ここに記して厚くお礼を申し上げる次第である．

2013 年 7 月 　　　　　　　　　　　　　　　　　　　　　著　者

目　次

第1章　フレキシブル軽量形鋼 ･････････････････1
- 1−1　FCRF機械の制御機構 ･････････････1
- 1−2　FCRF機械の姿勢制御と位置制御･････････4
- 1−3　タンデムFCRF機械とフレキシブル軽量形鋼 ･････6
- 1−4　海外のフレキシブル軽量形鋼の研究･････････9

第2章　断面形状とロール成形段数 ･･････････････11
- 2−1　各種断面形状と成形段数の関係 ････････････11
- 2−2　対称断面材に対する成形段数の見積もり法 ･････13
- 2−3　非対称断面材に対する成形段数の見積もり法 ･･･15
- 2−4　広幅断面材に対する成形段数の見積もり法 ･････16
- 2−5　パイプ断面材に対する成形段数の見積もり法 ･･･17

第3章　ロール曲げ角度配分の決定方法･･････････19
- 3−1　対称断面材に対するロール曲げ角度配分 ･･････19
- 3−2　非対称断面材に対するロール曲げ角度配分 ････21
- 3−3　広幅断面材に対するロール曲げ角度配分 ･････21
- 3−4　パイプ断面材に対するロール曲げ角度配分 ････24

第4章　電卓によるロールの設計方法 ･･････････31
- 4−1　対称断面材のロール設計法 ･･････････････31
- 4−2　非対称断面材のロール設計法 ････････････36
- 4−3　広幅断面材のロール設計法 ･･････････････41
- 4−4　パイプ断面材のロール設計法 ････････････45

第5章　ロール図面の作図方法 ･･････････････49
- 5−1　各段における断面寸法の計算法 ･･････････49
- 5−2　ロールパスライン直径の決定 ････････････53
- 5−3　ロールの図面化 ･･････････････････････55

5－4　精度対策用のロール ・・・・・・・・・・・・・・・・・ 57

第6章　各種形状欠陥に対するロール調整法 ・・・・ 59
　6－1　長手方向そり ・・・・・・・・・・・・・・・・・・・ 59
　6－2　曲がり ・・・・・・・・・・・・・・・・・・・・・・ 63
　6－3　ねじれ ・・・・・・・・・・・・・・・・・・・・・・ 67
　6－4　ねじれ・曲がり・そり複合体 ・・・・・・・・・・・ 70
　6－5　ポケットウエーブ ・・・・・・・・・・・・・・・・ 71
　6－6　縁波 ・・・・・・・・・・・・・・・・・・・・・・・ 76
　6－7　腰折れと割れ ・・・・・・・・・・・・・・・・・・ 79
　6－8　ひねれ ・・・・・・・・・・・・・・・・・・・・・・ 80
　6－9　切口変形 ・・・・・・・・・・・・・・・・・・・・ 81

第7章　フレキシブル軽量形鋼のロール調整法形 ・・ 85
　7－1　凹凸フレキシブル溝形鋼の成形 ・・・・・・・・・ 85
　7－2　フレキシブル材のひずみ測定 ・・・・・・・・・・ 87

第8章　Visual C++によるロールの自動設計 ・・・・ 91
　8－1　Visual C++.NET2003 の操作手順 ・・・・・・・ 91
　8－2　プログラムの骨組み ・・・・・・・・・・・・・・ 98
　8－3　各種断面の自動設計プログラミング ・・・・・・ 104
　8－4　Visual C++6.0 による自動設計 ・・・・・・・・ 122

付録1　PLCラダープログラム ・・・・・・・・・・・・・・ 128
付録2　各種断面に対するスタンド段数，および，ロール軸直径 ・・・ 131
参　考　文　献 ・・・・・・・・・・・・・・・・・・・・・ 141
索　引 ・・・・・・・・・・・・・・・・・・・・・・・・・ 149

第 1 章

フレキシブル軽量形鋼

　フレキシブル軽量形鋼とは断面の幅が一定でない軽量形鋼のことである．このような断面材の成形は冷間ロール成形機械のスタンドを板幅方向へ移動する機構，および，スタンドのロール軸を板縁に垂直にする旋回の機構を兼ね備えた冷間ロール成形機械にすることによって成形が可能になる．本章はこれらの位置と姿勢の制御に用いた PLC(Programmable Logic Control) 制御機構について記している．なお，この新しい冷間ロール成形機をこれ以降，フレキシブル冷間ロール成形機械：FCRF 機械と呼ぶことにする．本章はこれ以外に最近の海外のフレキシブル軽量形鋼の研究状況ついても記している．

1-1　FCRF 機械の制御機構

　図 1-1 は波縁側を一定フランジ幅に成形するために，ロールの位置移動や方向転換についてのイメージ図である．図はブランク材が矢印方向に搬送されて板縁を成形する場合であるが，ブランク材を固定してロールをブランク材進行方向と反対方向に移動するように記している．

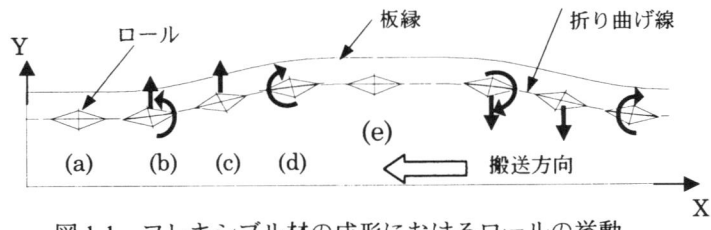

図 1-1　フレキシブル材の成形におけるロールの挙動

本 FCRF 機械の設計では，図 1-1 に示すようにロールが板縁から垂直方向の折り曲げ線までの間隔を一定に保つように位置移動を行うこと，ブランク材板縁とロール軸とを垂直にするようにロールの旋回を行うことを基本条件としている．この設計条件を満たすために PLC(Programmable Logic Control) 制御を用いた．図 1-2 は PLC 制御による曲線板縁の折り曲げ成形を行う機構全体の構成概略図である．

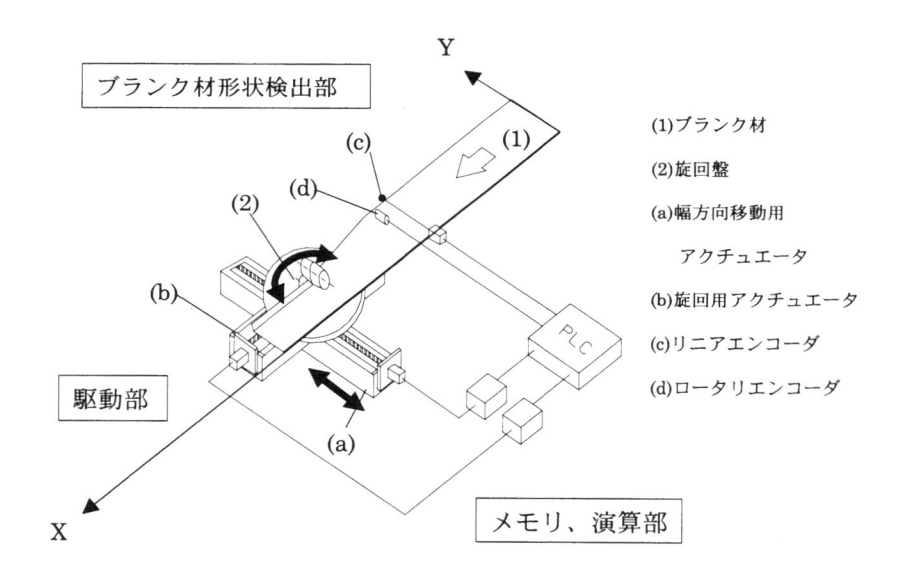

図 1-2　PLC 制御機構の構成概略図

図 1-2 は PLC 制御の実施に必要な構成要素である．図示のように，ブランク材の形状を検出するための搬送量・板幅量などを計る形状検出部，検出したデータの保存と演算を行うメモリ・演算部，および，冷間ロールスタンドを移動・方向転換させる駆動部の 3 要素で構成され，これらは図示のように連結されている．図中に示す片側がテーパ状に切断されたブランク材(1)の搬送量と板幅変化量の測定はそれぞれリニアエンコーダ(c)とロータリエンコーダ(d)と

第 1 章　フレキシブル軽量形鋼

を用いた．板幅変化量は搬送量に比べて少ないため，ロータエンコーダは 0.33 mm 搬送につき 1 パルスの信号を，リニアエンコーダは 0.02 mm 変化につき 1 パルスの信号を発信する仕様の機器を用いた．センサからの ON/OFF のデイジタル信号は入力インタフェースを介して I/O エリアの入力部メモリに取り込まれる．また，CPU で計算された出力に関する演算結果は出力部メモリ反映され，出力インタフェースを介して外部の負荷に ON/OFF 指令として伝達される．　図 1-3 の制御部は PLC の本体(CPU)が，入力部と出力部には入力ユニットと出力ユニットが当てはめられている．入力ユニットには外部接点であるリミットスイッチがポート X_2, X_3 に，ロータリエンコーダ，リニアエンコーダがポート X_0, X_1 に接続されている．出力ユニットにはポート Y_0〜Y_3 から①〜④のサーボモータに接続されている．CPU に位置制御，姿勢制御を行うラダープログラム(付録 1 参照)は PC から転送される．

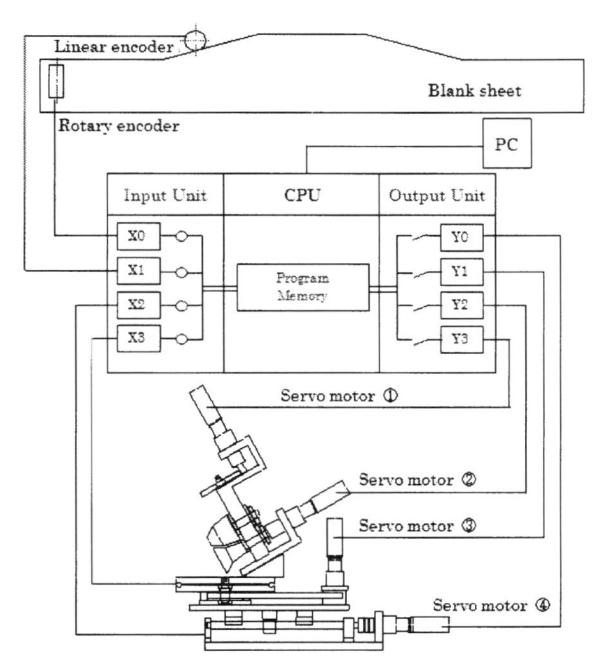

図 1-3　PLC による冷間ロール成形機械の制御

1-2 FCRF機械の姿勢制御と位置制御

姿勢制御と位置制御は図 1-4 に示すようである．まず，姿勢制御はブランク材の搬送量 dx に対する板幅変化量 dy より $\tan\theta = dy/dx$ でブランク材板縁の傾斜角度 θ をもとめ，これをロールの旋回角度とした．本装置では搬送量 10 パルス (3.3 mm) 毎の板幅変化量から角度を求めた．位置制御は旋回盤の旋回軸心(黒丸印)位置をリニアエンコーダの検出値に等しくとった．これは旋回盤の旋回軸心がブランク材の板縁上にあることを意味する．ロールの折り曲げ点(黒菱形印)は旋回盤の旋回軸心から F mm 離れた位置にとった．ブランク材の板縁が描く軌跡，ロール曲げ点の描く軌跡はともにブランク材のコーナアール曲率中心 O を中心とする同心円である．コーナアール部のフランジ幅を一定に成形できるのはこのためである．図 1-5 は旋回盤の旋回軸心をブランク材の板縁上にとって，フランジ幅を F に成形するときのロール曲げ点の位置，および，ブランク材板縁と折り曲げ線の関係を示している．

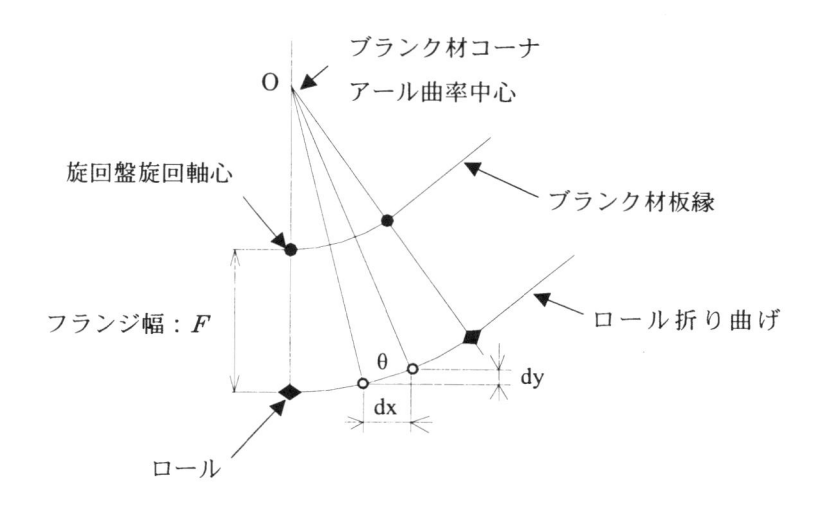

図 1-4　姿勢制御と位置制御のための旋回盤旋回軸心位置とブランク材

第1章　フレキシブル軽量形鋼

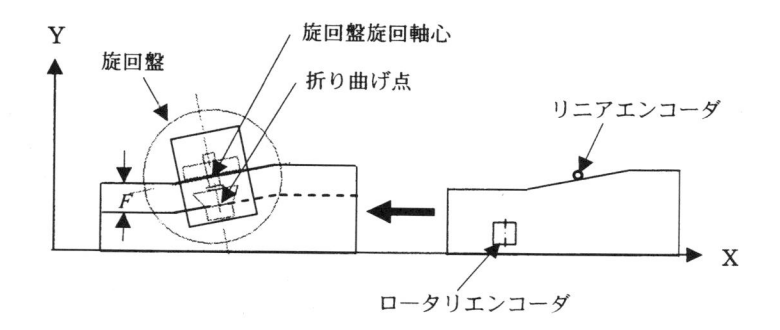

図1-5　ブランク材と旋回盤旋回軸心の関係

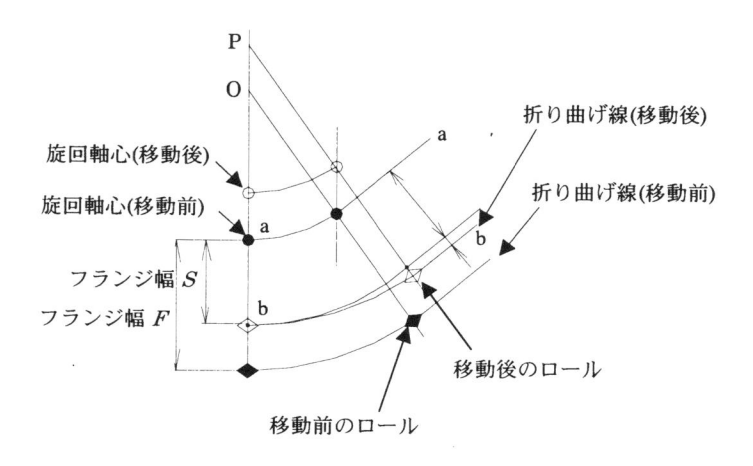

図1-6　旋回盤移動に伴うフランジ幅変化の機構

図1-6は図1-4のフランジ幅をFのよりも狭いSの製品に成形するために，旋回盤の旋回軸心位置を移動したときのフランジ幅への影響を検討した図である．例えば，図1-6は旋回盤の旋回軸心位置を黒丸印から白丸印の位置に移動することによって黒菱型印で示すロールの位置を白菱型印で示す位置に移動させた場合，旋回盤の旋回軸心の描く円弧の曲率中心(P)とブランク材のコーナアール曲率の中心(O)とは一致しなくなる．結局，ブランク材の板縁の

円弧 a-a とロール折り曲げ点が描く円弧 b-b は同心円でなくなるためにフランジ幅は図示のように広くなる．フランジ幅は旋回盤の旋回軸心からロール折り曲げ点までの間隔によって決定されるため，図 1-6 のような安易な方法によるフランジ幅調整は避けなければならない．

1-3　タンデム FCRF 機械とフレキシブル軽量形鋼

図1-7は1段のフレキシブル冷間ロール成形機械の概略図である．これには

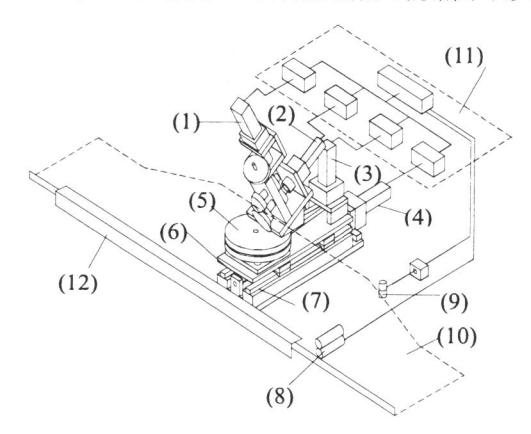

図 1-7　1段のフレキシブル冷間ロール成形機械概略図

図 1-8　4段タンデムフレキシブル冷間ロール成形機械

第 1 章　フレキシブル軽量形鋼

4個のサーボモータ(1)～(4)が取り付けられている．(1)は軽圧延付加用，(2)はロール駆動用，(3)は旋回盤駆動用，(4)は板幅方向移動用である．モータ以外では(5) 旋回盤，(6) 旋回盤取り付けプレート，(7) アクチュエータ，(8) ロータリエンコーダ，(9)リニアエンコーダ，(10) ブランク材，(11) PLC 制御盤，(12) ガイドバーである．図 1-8 は 4 段タンデムフレキシブル冷間ロール成形機械の全景である．図 1-9 は本機械の成形による製品サンプルである．

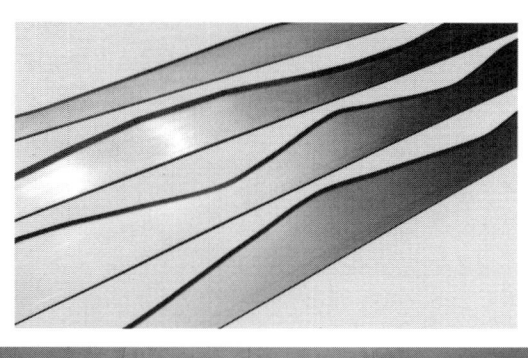

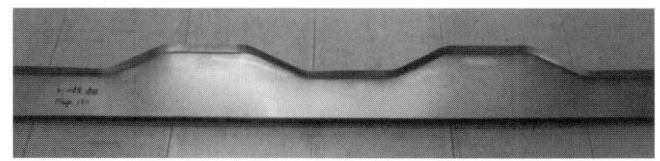

図 1-9　FCRF 機械による各種フレキシブル軽量形鋼サンプル

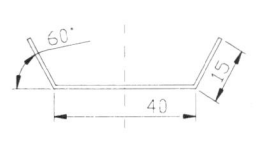

図 1-10　長手方向非直線のフレキシブル溝形鋼製品と断面形状

図1-11は3種類のFCRF機械の旋回盤とこれに取り付けられたロールスタンドの概略図である．（Ⅰ）は通常の溝形成形用ロールを搭載した場合である．この場合は両フランジの同時成形である．旋回盤の旋回軸心上にブランク材の板縁を一致させる位置制御をとっている．（Ⅱ）は図1-8の方式であり，ブランク材の片側のみの成形を行う．（Ⅰ）の方法で成形した製品，および，（Ⅱ）の方法によって一方の側を成形した後にブランク材を後ろ側から挿入して，もう一方の側の板縁を成形した製品について両者のねじれ具合を比較した結果，(Ⅱ)の方が大きなねじれを発生した．図1-10は(Ⅰ)の方法で成形した製品である．（Ⅲ)は(Ⅱ)のスタンドが鏡面対象に配置された場合である．図1-12に示す製品は(Ⅲ)の方式による成形である．これは断面の幅がある程度の広いことが必要である．

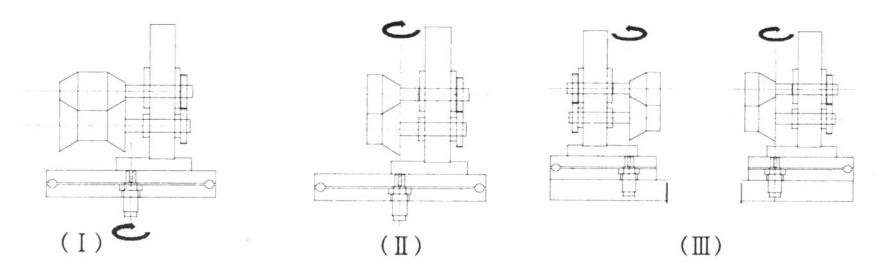

（Ⅰ）　　　　　　　（Ⅱ）　　　　　　　（Ⅲ）

図1-11　3種類のフレキシブル冷間ロール成形機械

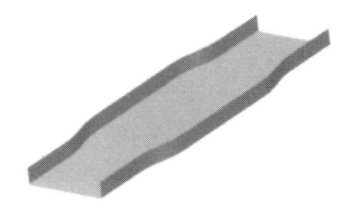

図1-12　DataM社のカタログよる製品

1-4　海外のフレキシブル軽量形鋼の研究

　海外におけるフレキシブル軽量形鋼材の成形研究は次のようである．著者の研究開始と同時期(2003年)にDarmstadt大学(ドイツ)のP. Groche教授もフレキシブル材の開発研究に着手している．また，2006年度から4ヶ年計画でP. Groche教授らを中心とする，本技術の実用化に向けての開発研究プロジェクトが立ち上げられた．本プロジェクトは自動車会社Dimler社を頂点とする24の機関で構成されている．このプロジェクトの一員であるDataM社は 図1-12に示す製品を成形した．

　中国，北方工業大学，劉教授は2009年頃から本格的にフレキシブル断面材の成形の研究に取り組んでいる．

　スウエーデンのLulea技術大学，Michael Lindgren教授は2009年度に冷間ロール成形機械によるフレキシブル断面材の研究論文を発表した．これは断面の幅のみならず高さも変化する三次元(3D)ロールフォーミング法に関するものである．　図1-13はLulea技術大学で開発された6段タンデムの三次元フレキシブル断面成形用冷間ロール成形機械である．

図1-13　6段タンデム三次元冷間ロール成形機

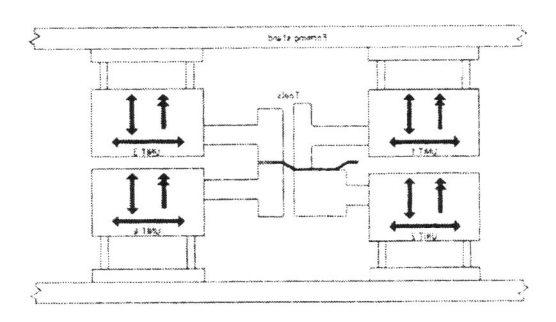

図 1-14　6 段タンデム三次元冷間ロール成形機械のスタンド機構

　図 1-14 は本成形機械の内部機構であるが，駆動一非動側スタンドの上下軸ベアリングボックスは上下方向，左右方向へ移動できる．さらに，左右フランジの成形を，左側フランジ成形は奇数番スタンドで，右側フランジ成形は偶数番スタンドで行う方式をとっている．図 1-15 は本成形機械による製品サンプルである．断面の幅変化は少ないが高さ方向に変化していることがわかる．本成形の特徴はウエッブに生じ易い膨らみの変形を回避できることである．

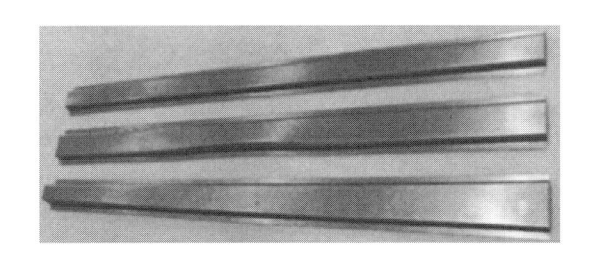

図 1-15　三次元フレキシブル軽量形鋼

第2章

断面形状とロール成形段数

　冷間ロールの設計にあたって最も重要で，かつ，最も難しいことは，目的とする断面形状を成形するために必要なロール成形段数の見積もりである．いままで提案されているロール成形段数の決定方法は，断面形状が単純なV形断面や溝形断面などから誘導されたものである．しかも，これらは，実際に生産されている複雑な断面形状への対応がとられていないことから実用化までに至っていない．
そこで著者は，実用に供するロール成形段数の決定方法を誘導するために，企業で実際に製造されている各種の断面材の形状と，これらを成形するのに用いられたロール段数との関係を調査して次の方法で整理した．
　まず，各種断面材を形状ごとに対称断面，非対称断面，広幅断面，および，パイプ断面の四つの群に分けた．次に，各群に属するそれぞれの断面材を，実際に成形に使用したロール成形段数を横軸に，その断面材のフランジ長さ，板厚，断面の曲げ角数などの因子で定義した形状因子関数を縦軸にとった座標軸上に打点（プロット）して表示した．本整理方法の鍵は，収集データのプロットが一定の傾向で分散するように形状因子関数を定めることである．本章は，各群の形状因子関数を誘導する経緯について説明している．

2-1　各種断面形状と成形段数の関係

　図2-1は，日立金属（株）のカタログNo.265（巻末付録2）より製品の曲げ

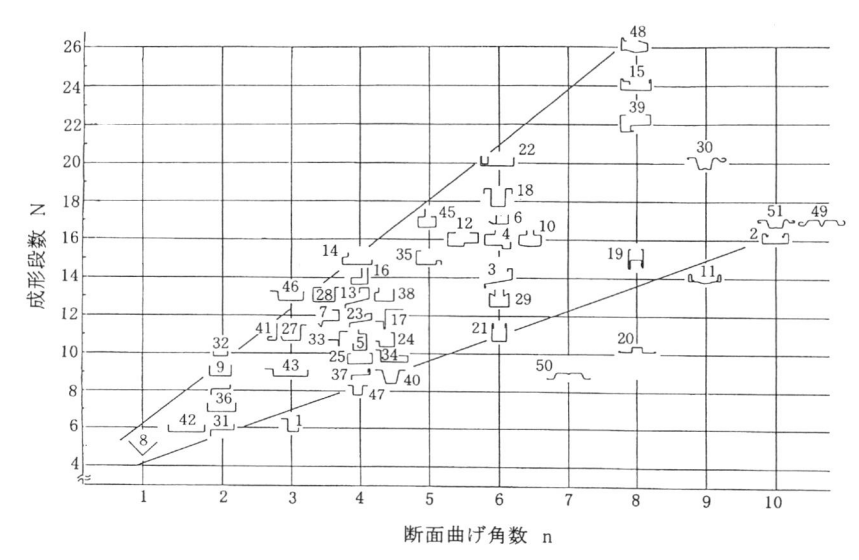

図2-1 各種ロール成形品の成形段数と断面曲げ角数

部の角度がほぼ90°の場合を曲げ角数1として求めた製品の断面曲げ角数nと，この製品を成形するのに用いた成形段数Nとの関係を51種類の断面について整理したものである．図中の断面に附記した番号は，巻末付録2のカタログに示す通し番号(No.)である．図示の断面材の板厚は，主に1～3.2 mmの範囲であり，これらを成形した冷間ロール成形機械の軸径は直径40～75 mmである．例外として，No.22, 48, 49は，板厚0.5mmであるほか，No.30の7mm, No.32の9mm, No.38の4.5mm, No.50, 52の5mmが含まれている．

　図示のように両者は広範囲にわたってばらついているが，巨視的には比例的関係にあるといえる．バラツキが大きい原因について調べるために，図2-1をもう少し検討すると，成形段数Nの多い上側では非対称断面材，厚板材が多いのに対して，段数の少ない下側では対称断面材，薄板材が多いことがわかる．また，曲げ角数nの大きいものほど多くの成形段数を要していることがわかる．これらのことから，ロール成形における成形段数は，断面の対称・非対称性，板厚，および，断面の曲げ角数などの因子によって決定さ

れることが分かる．

なお，図の縦軸に示す成形段数は，水平ロール(H)と縦ロール(V)の和の値である．また，この成形段数には製品の精度対策用のロールも含まれている．なお，図には示されていないが，ステンレス鋼板，アルミニウム板の製品は，鋼板の場合よりも多くの成形段数を用いている．これは，表面傷を避けるため，あるいは，スプリングバックを少なくするためであり，材質もロール成形段数と関係する．

2-2 対称断面材に対する成形段数の見積もり法

図2-2は，図2-1に示す対称断面から，広幅断面を除いたものについての成形段数Nと形状因子関数との関係を示したものである．ここで示す形状因子関数Φ_1とは，断面の総曲げ角数n，板厚t，および，左右フランジ長さの和Fの積Fntで定義した断面の形状を表す値である．なお，ウェブ幅は，形状因子関数から除外した．

これは，ウェブは断面材を送るのみで，曲げには関与しないと考えたためである．図示のように，データは大きくばらついているが，成形段数Nと形状因子関数Fntとは相関関係があるといえる．ここで興味深いことは，図中の仮想線で示す曲線を境として，左側の領域の断面材はフランジ先端部が外側になる，いわゆるハット形材に似た形状の断面材が多いのに対して，右

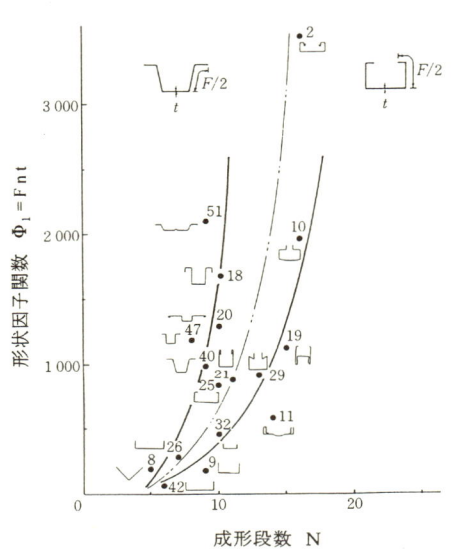

図2-2 対称断面材に対する形状因子と成形段数

側の領域の断面材は，フランジ先端部が断面の内側になる，いわゆる，Ｃ形材に似た形状の断面材が多いことである．このようなことから，対称断面材はＣ形材とハット形材の2群に分類し，それぞれの群に対する形状因子関数Ｆｎｔと成形段数Nとの関係曲線で表すことにした．結局，対称断面に対する両者の関係は，図中に示す2本の実線で表すことによって成形段数をより精度高く求められるようになった．

ところで，図 2-2 によると，同一の形状因子関数に対して，Ｃ形材に属する断面の方がハット形材に属する断面よりも多くの成形段数を必要とすることになる．これは，Ｃ形断面材とハット形材の成形工程を調べることによって理解できる．すなわち，図 2-3 のようにハット形断面材の成形では，リップとフランジの曲げを同時に行い，最終段の2〜3段前からリップ成形に入るのに対して，Ｃ形断面では，まずリップの成形を行い，その後に，フランジを曲げ起こす工程をとらざるを得ないため，どうしてもＣ形断面材の方がハット形断面材に比べてより多くの段数を要することになる．図2-2において，Ｃ形材に属する断面材の方がハット形材に属する断面材よりも多くの成形段数を要しているのは，それぞれが図 2-3 と同じ考え方の成形工程をとっているためである．

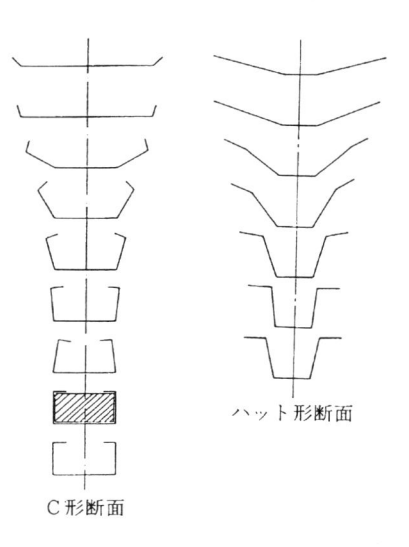

図 2-3　Ｃ形断面とハット形断面の成形工程概略図

第2章　断面形状とロール成形段数　　　　　　　　　　　　　　　　　15

2-3　非対称断面材に対する成形段数の見積もり法

　非対称断面材を成形する方法には，図 2-4 中の付図に示すように，断面を傾けないで成形する方法(a)と，傾けて成形する方法(b)とがある．通常は，断面を傾けない(a)で成形する場合が多い．これは次の理由からのようである．

　非対称断面材は，断面の形状がほとんど同じであるが，一部分だけ寸法や形状が異なるものが非常に多い．このような非対称断面材の成形に対して，その都度ロールを製作すると費用がかさむため，いわゆる，分割ロール（または，兼用ロール）というロール設計法をとっている．これは，寸法や形状の異なる部分にシムやスペーサを出し入れすることによってロールの幅調整を行い寸法や形状の変化に対処するものである．このように，分割ロールの考えで成形するには(a)の方が便利であることが一つの理由である．

　一方，断面を傾ける(b)の方法は，断面がねじれたり曲がったりするのを避けることを目的としたものであるが，この設計方法に分割ロールの考えを適用してロール幅の一部変更を行うと，上下ロールが干渉してしまい成形ができなくなることが多いなど，上記のような融通がきかないことがこれを避ける理由になっている．(b)の設計方法は，一般的には，大量生産が見込める非対称断面材に限られている．

　このように，非対称断面材のロール設計には(a)と(b)があることから，図 2-1 に示す

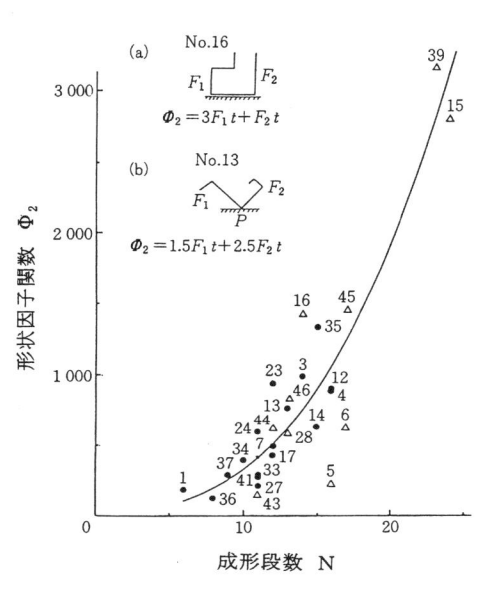

(a) No.16　$\Phi_2 = 3F_1 t + F_2 t$

(b) No.13　$\Phi_2 = 1.5 F_1 t + 2.5 F_2 t$

図 2-4　非対称断面材に対する形状因子と成形段数

非対称断面材は，いずれの方法で成形されたかを日立金属(株)に問い合わせた後、次に示す方法で形状因子関数を定義した．まず、断面を傾けない(a)の方法では，断面の左右のフランジ長さF_1，F_2，左右の曲げ角数n_1，n_2，および板厚 t について断面の左右でこれらの積をもとめ，その和$F_1 n_1 t + F_2 n_2 t$を形状因子関数とした．

一方，(b)の方法をとる断面の形状因子関数については、図 2-4 の付図に示すように，断面の頂点Ｐの曲げ角数1を0.5ずつ左右に振り分けるほかは，(a)と同様の計算をする方法をとった．図 2-4 は，上記の方法による形状因子関数Φ_2と，成形段数Ｎとの関係を示したものである．図中の白抜きの記号は，成形方法(a)によるものであり，黒塗りの記号は，(b)によるものである．多少バラツキはあるが，両者の相関関係は図中の曲線で表すことができる．

2-4　広幅断面材に対する成形段数の見積もり法

対称断面である広幅断面材を図2-2の形状因子関数Φ_1を用いて成形段数Ｎとの相関関係を調べたが良い相関が得られなかった．このため，新しく，次のパラメータを定義して整理した．まず，前記の対称，非対称断面材はフランジの曲げ起こしを主体とする成形であるのに対し，広幅断面材は，板を幅方向に寄せることを主体とする成形である．このようなことから，広幅断面材に対する形状因子は板の幅寄せに関係する因子で考えた．具体的には，素材幅W_1と製品幅W_2との比率W_1/W_2，溝の高さh，溝の数nなどである．

結局，広幅断面材の形状因子関数Φ_3はこれらの因子の積からなる$W_1 n h / W_2$と定めた．なお，本形状因子関数には板厚が含まれていない．これは，実績データが少ないためである．

図2-5は，上記の形状因子関数Φ_3を用いて，各種広幅断面材を成形段数Ｎとの関係で整理したものである．図中の破線にのる黒塗りの点w-1 ～w-4は，昭和52年次前の日立金属(株)のカタログによるものであり，実線にのる点w-5 ～w-8はそれ以降のカタログによるものである．両者の違いは、広幅

第2章　断面形状とロール成形段数　　　　　　　　　　　　　　　　17

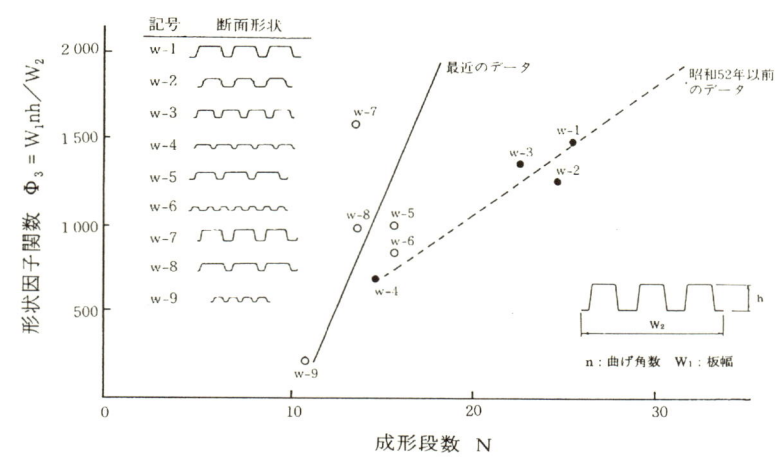

図2-5　各種広幅断面材に対する形状因子と成形段数

2-5　パイプ断面材に対する成形段数の見積もり法

　パイプ断面(電縫管)材は，前記の対称断面材，非対称断面材，広幅断面材などのように成形段数と形状因子関数との相関関係はなく，パイプ径，板厚にかかわりなく，ほぼ一定のロール段数で成形している．

　図2-6は，小〜中径管用の最も一般的な造管機ライン図である．本ラインは，フォーミングスタンド部，溶接部，および，サイジングスタンド部で構成されている．板をパイプに曲げ成形するフォーミングスタンド部には，上下ワークロール7段と，各ワークロール間の6段のアイドルロール(サイドロール)からなる計13段のロールが配置されている．ここでのスタンド間隔は，板の立ち上がり量の約40倍にとっている．近年，上・下ワークロールの初段をダブル(W)ベンドロールで成形するのが一般化している．

　パイプの寸法精度をだすために，ライン後段のサイジングスタンドには，5段のオーバリングロールと，5段の上下ロールの計10段，および曲がりを除去するためのタークスヘッドスタンドが配置されている．

　中・大径管(168mm〜660mm)の製造ではロール径，スタンド間隔が大きくな

中・大径管(168mm～660mm)の製造ではロール径，スタンド間隔が大きくなる．このようなことを避けることが主要な理由と考えられるが，小径のロールを多く用いる，いわゆる，ケージフォーミング方式の造管機が開発された．

また，極薄肉材パイプの成形では，上記の2種類とは異なるタイプの造管機で成形を行っている．シューフォーミング(電元社)や最近開発されたロールレスフォーミングの造管機(日新製鋼)は，極薄肉ステンレス材の成形に威力を発揮している．

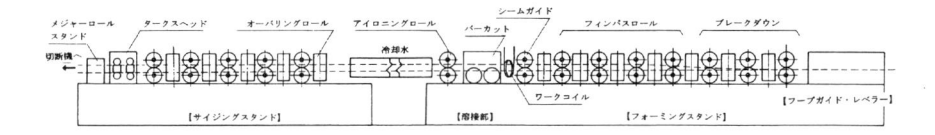

図2-6 造管機ライン図

第3章

ロール曲げ角度配分の決定方法

　ロール曲げ角度の配分は，ロール成形段数の見積もりと並んで重要である．このため，多くのロール研究者は曲げ角度配分式の誘導に努めた．これらの結果は「冷間ロール成形」[1]，「ロール成形」[118]に紹介されている．

　本章で示すロール曲げ角度配分式は，各社のロール設計資料，および，第6章に示すロールパススケジュールと長手方向そりの成形実験から誘導したものである．誘導に際しては，ロール成形では成形の始め部分（前段部）と終わり部分（後段部）で丁寧に板を曲げ起こすが，中間部分（中段部）は粗く曲げるという経験則を関数化した．本章は，関数の誘導方法と，これを各種の断面材に適用する方法について記している．

3–1　対称断面材に対するロール曲げ角度配分

　ロールの曲げ角度配分式の誘導は，図 3-1 に示すように，板が順次曲げ起こされて最終形状に至るまでのフランジ先端の水平面に対する投影軌跡が3次曲線で表されるときに，板の曲げ角度配分が最適になるものと仮定した．

　いま，図示の溝形断面を成形するのに，全成形段数を N，フランジの最終曲げ角度を θ_0，フランジ長さを H，第 i 段目のフランジの曲げ角度を θ_i とし，3次曲線の形と境界条件を式 3-1，3-2，3-3 のように仮定する．なお，各スタンド間隔は等間隔としている．

$$y = A\,x^3 + B\,x^2 + C\,x + D \tag{3-1}$$

3-1 対称断面材に対するロール曲げ角度配分方法

$$x = 0 \quad \text{及び} \quad x = N \quad \text{で} \quad dy/dx = 0 \tag{3-2}$$

但し、$x = 0$ で $y = H$, $x = N$ で $y = H\cos\theta_0$

$x = i$ で $y_i = H\cos\theta_i$ 以上 (3-3)

これより、第 i 段目におけるロールの曲げ角度 θ_i は次のように得られる.

$$\cos\theta_i = 1 + (1 - \cos\theta_0)\{2(\frac{i}{N})^3 - 3(\frac{i}{N})^2\} \tag{3-4}$$

結局、$i = 1$ から N に至る各段のロールの曲げ角度は、式 3-4 に全成形段数 N, フランジの最終曲げ角度 θ_0, $i = 1, 2, \cdot, N$ を与えれば得ることができる. なお、全成形段数 N は第 2 章の図 2-2 から見積もられた値を用いる.

式 3-5 はロール曲げ角度の配分を微調整するために、式 3-4 に変動指数 κ を導入したものである.

$$\cos\theta_i = 1 + (1 - \cos\theta_0)\{2(\frac{i}{N})^{3+\kappa} - 3(\frac{i}{N})^{2+\kappa}\} \tag{3-5}$$

κ に正の値 (0.1, 0.2・・) を与えると成形の前段部分は曲げ角度増分の少ない, いわゆる丁寧な曲げ角度配分になる. しかし, 後段部分は粗い曲げ角度配分になる.

κ に負の値 (-0.1, -0.2・・) を与えると正の場合と逆になる.

スタンド間隔が不等間隔のときは, 上記で求めた結果を, そのまま指示の間隔に配置するという考えをとっている.

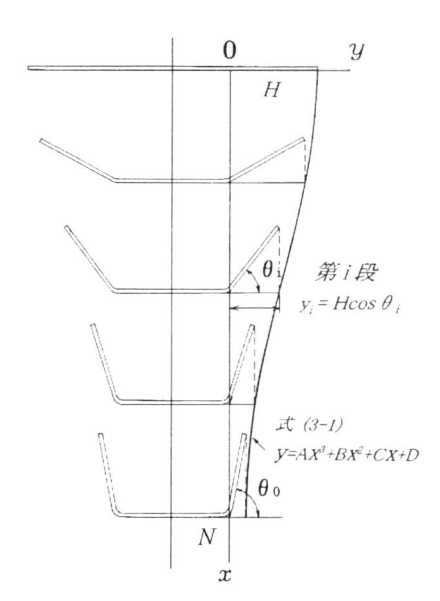

図 3-1 ロール曲げ角度配分式の誘導

3-2 非対称断面材に対するロール曲げ角度配分

非対称断面材に対するロール曲げ角度の配分は，基本的には対称断面材のときと同様に式3-4，または，式3-5で行っている．

非対称断面材の成形は，第2章，2-2節に記したように断面を水平にして成形する場合と傾けて成形する場合の2種類があるため，断面の左右フランジの曲げ角度配分は対称断面材の場合と若干異なる．具体的計算方法については第4章で例示している．

3-3 広幅断面材に対するロール曲げ角度配分

キーストンプレート，デッキプレートなどの広幅断面材のロール設計法には基本的に2種類の方法がある．一つは，全ての溝を同時に成形する全溝同時成形の方法である．もう一つは，順次，断面中央から溝を増やしていく逐次溝成形の方法である．

広幅断面材のロール設計は，逐次溝成形法が一般的である．この理由は，逐次溝成形の方法は断面中央寄りの溝を成形しているとき，成形しない板縁側はロールで拘束せずフリーにしておくため，ここには余分なひずみが発生しないことが最大の理由である．また，逐次溝成形は成形中のトラブル処理，ロール設計ミスなどに対して対策がとりやすいことも無視できない．全溝同時成形は各溝の幅寄せ量を設定するのが容易でない．

3-3-1 全溝同時成形の場合のロール曲げ角度配分

図3-2に示すデッキプレート断面材を全溝同時成形の方法で成形する場合のロール設計法は次のようである．

本設計では，断面エッジの水平面に対する投影軌跡が3次曲線で表される場合に，板の曲げ角度配分は最適になるという前記の仮定をそのまま適用する．この場合もスタンド間隔は等間隔とする．いま，本断面を成形する全成形段数はNであるとする．素板の板半幅を$W_1/2$，製品の半幅を$W_2/2$，第i段

目の製品の半幅を y_i として，3次曲線の形と境界条件を式 3-1, 3-2, 3-6, および，3-7 のように仮定すると，

$$y = A x^3 + B x^2 + C x + D \tag{3-1}$$

$$x = 0 \quad 及び \quad x = N で \quad dy/dx = 0 \tag{3-2}$$

$$x = 0 \quad で \quad y = \frac{W_1}{2} \tag{3-6}$$

$$x = N \quad で \quad y = \frac{W_2}{2} \tag{3-7}$$

第 i 段目の製品半幅 y_i は式 3-8 のように得られる．

$$y_i = \left(\frac{W_1 - W_2}{2}\right)\left\{2\left(\frac{i}{N}\right)^3 - 3\left(\frac{i}{N}\right)^2\right\} + \frac{W_1}{2} \tag{3-8}$$

また，最終断面の形状において，断面片側の溝数が k (偶数の場合) であり，溝の各部寸法が a, b, および，溝斜辺長さが q であるとすると，第 i 段目の製品半幅は幾何学的に式 3-9 のように求まる．これより，曲げ角度 θ_i は，式 3-10 のようになる．

$$y_i = k(a + b + 2q\cos\theta_i) \tag{3-9}$$

$$\cos\theta_i = \frac{1}{2q}\left(\frac{y_i}{k} - a - b\right) \tag{3-10}$$

ここで，式 3-10 の y_i が式 3-8 に等しいとして曲げ角度 θ_i をもとめる．

結局，素材半幅 $W_1/2$, 製品半幅 $W_2/2$, 全成形段数 N, 断面寸法 a, b, q, および，溝数 k (偶数の場合) を式 3-8, 3-9 に与えれば，各段の曲げ角度 θ_i が式 3-10 から得られる．

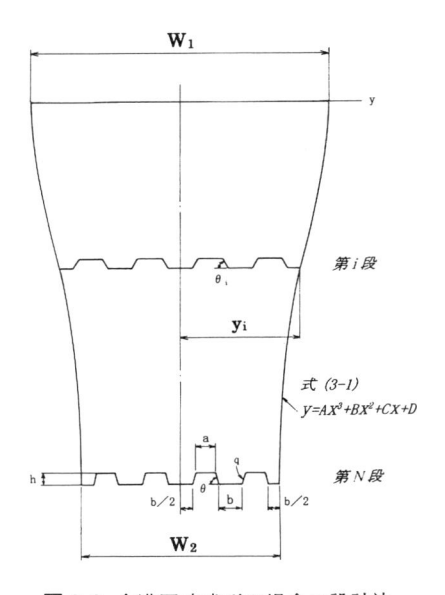

図 3-2　全溝同時成形の場合の設計法

3-3-2 逐次溝成形の場合のロール曲げ角度配分

図3-3に示す7溝を有するキーストンプレート断面材を逐次溝成形の方法で成形する場合のロール設計法は次のようである.

まず,図示のように,1溝,3溝,5溝が完成したときの製品半幅をY_α, Y_β, Y_γとする.また,広幅断面材エッジの水平面に対する投影軌跡が3次曲線で表される場合に板の曲げ角度配分が最適になると仮定する前記の仮定を用いるものとすると第 i 段目の製品半幅y_iは,式3-8のようになる.

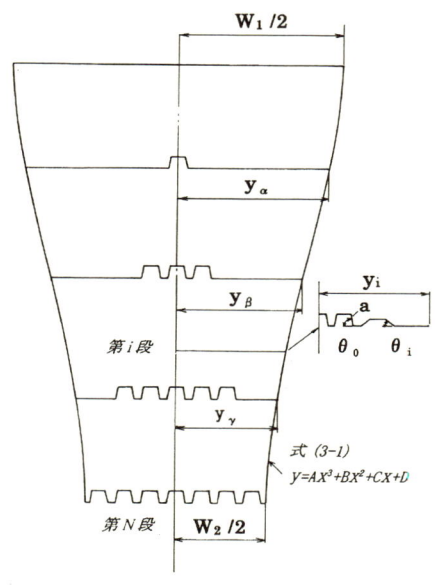

図3-3 逐次溝成形の場合の設計法

$$y_i = \left(\frac{W_1 - W_2}{2}\right)\left\{2\left(\frac{i}{N}\right)^3 - 3\left(\frac{i}{N}\right)^2\right\} + \frac{W_1}{2} \tag{3-8}$$

結局,このy_iの値と,上記の製品半幅Y_α, Y_β, Y_γとを見比べながら,y_iの値が,下記のどの範囲に入るかを定めた後に,(a)〜(d)の式を用いて第 i 段目の曲げ角度θ_iを計算する.

$y_\alpha \leq y_i < W_1/2$ で $y_i = W_1/2 - a(1-\cos\theta_i)$ (a)

$y_\beta \leq y_i < y_\alpha$ で $y_i = W_1/2 - a(1-\cos\theta_o) - 2a(1-\cos\theta_i)$ (b)

$y_\gamma \leq y_i < y_\beta$ で $y_i = W_1/2 - 3a(1-\cos\theta_o) - 2a(1-\cos\theta_i)$ (c)

$W_2/2 \leq y_i < y_\gamma$ で $y_i = W_1/2 - 5a(1-\cos\theta_o) - 2a(1-\cos\theta_i)$ (d)

以上 (3-11)

式3-11においては,第 i 段目の曲げ角度をθ_i,リブ斜辺の長さをa,最終曲げ角度をθ_oとしている. なお,θ_iは$\theta_o > \theta_i > 0$ である.

この場合も，式3-12のように変動指数κを式3-8に与えれば各溝を成形する成形段数の振り分け，溝の曲げ角度が微調整できる．

$$y_i = \left(\frac{W_1-W_2}{2}\right)\left\{2\left(\frac{i}{N}\right)^{3+\kappa} - 3\left(\frac{i}{N}\right)^{2+\kappa}\right\} + \frac{W_1}{2} \qquad (3\text{-}12)$$

3-4 パイプ断面材に対するロール曲げ角度配分

パイプ断面のロール設計法には，基本的にサーキュラフォーミング方式，エッジフォーミング方式，ダブルラディアスフォーミング方式などがある．本節では，これらの各設計法に対するロール曲げ角度配分，および，曲げ半径の求め方について説明している．

3-4-1 サーキュラフォーミング方式の場合

これは，パイプの曲げ半径ρと曲げ角度θの積$\rho\theta$が常に一定であるという条件での設計法である．本方式の設計は，図3-4に示すようにパイプエッジの水平面に対する投影軌跡が3次曲線で表される場合に板の曲げ角度配分が最適になると仮定して任意の段iにおけるパイプの曲げ半径ρ_iと曲げ角度θ_iを求めている．いま，全成形段数をN，素材板幅をLとして，3次曲線の形と境界条件を式3-1, 3-2, 3-13, および式3-14のように仮定すると

$$y = Ax^3 + Bx^2 + Cx + D \qquad (3\text{-}1)$$

$$x = 0 \text{ 及び } x = N \text{ で } \frac{dy}{dx} = 0 \qquad (3\text{-}2)$$

$$x = 0 \text{ で } y = \frac{L}{2} \qquad (3\text{-}13)$$

$$x = N \text{ で } y = 0 \qquad (3\text{-}14)$$

第i段目における，パイプエッジからパイプ中心までの水平面に対する投影長さy_iは，次のように得られる．

第3章 ロール曲げ角度配分の決定方法

$$y_i = \frac{L}{2}\{2(\frac{i}{N})^3 - 3(\frac{i}{N})^2 + 1\} \quad (3\text{-}15)$$

また，本設計の仮定から式3-16を，さらに，図3-4から幾何学的に式3-17を得る．

$$\rho_i \theta_i = \frac{L}{2} \quad (3\text{-}16)$$

$$y_i = \rho_i \sin\theta_i \quad (3\text{-}17)$$

式3-16，式3-17から式3-18を得る．

$$y_i = \frac{L}{2}(\frac{\sin\theta_i}{\theta_i}) \quad (3\text{-}18)$$

式3-15と式3-18が等しいとすると式3-19を得る．

$$\frac{L}{2}(\frac{\sin\theta_i}{\theta_i}) = \frac{L}{2}\{2(\frac{i}{N})^3 - 3(\frac{i}{N})^2 + 1\} \quad (3\text{-}19)$$

これより，式3-19を解けばθ_iが得られる．しかし，実際に計算を行うとiの値が大きい場合には解が得られないことがわかる．この理由はつぎのようである．

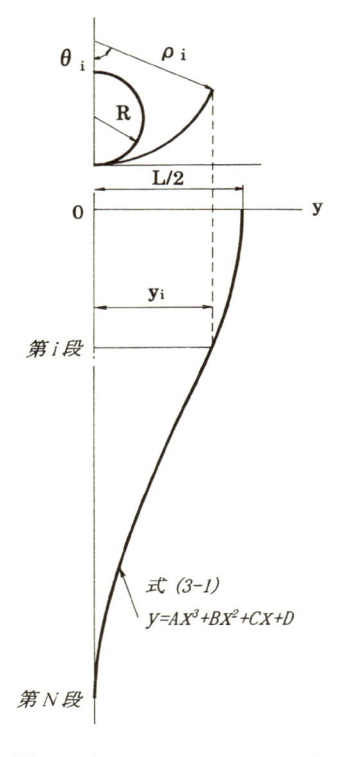

$\sin\theta_i$をマクローリン展開した後に，これをθ_iで除し，高次の項を省略すると式3-20を得る．

$$\frac{\sin\theta_i}{\theta_i} = 1 - \frac{\theta^2}{6} + \frac{\theta^4}{120} - \quad (3\text{-}20)$$

式3-20を用いて式3-19を書き換えると，式3-21を得る．

$$\theta_i^4 - 20\theta_i^2 = 120\{2(\frac{i}{N})^3 - 3(\frac{i}{N})^2\} \quad (3\text{-}21)$$

図3-4 サーキュラフォーミング方式による設計

式 3-21 において $\theta_i^2 = \Theta_i$, $2(\frac{i}{N})^3 - 3(\frac{i}{N})^2 = K$ とおくと式 3-21 は式 3-22 のようになる.

$$\Theta_i^2 - 20\Theta_i - 120K = 0 \tag{3-22}$$

これより, 根に $\Theta_i = 10 \pm 10\sqrt{1+1.2K}$ を得る.

ところで, 本式におけるKの値は常に負(K<0)であるために, 最終段近くになると $\sqrt{}$ の中はマイナスになり実根が得られなくなる. これが解が得られない理由である.

このようなことから, 式 3-19 の $\sin\theta_i / \theta_i$ を式 3-23 のように置き換えて近似解を求めることにした.

$$\frac{\sin\theta_i}{\theta_i} \fallingdotseq [1 - (\frac{\theta'}{\pi})^m]^n \tag{3-23}$$

ここで, 式 3-23 のmとnの値は試行錯誤的であるが, コンピュータ処理によってm=1.81, n=1.30にとった. mとnの求め方は次のようである.

式 3-23 のmとnに任意の値を与えてから, $\theta_i = 10, 20, \cdots$ (計算ではラジアン)に対する θ' の値を求める. 次に θ_i と θ' との差 $(\theta_i - \theta')$ を求める. このような計算を任意のmとnの値に対して繰り返し行い, 差 $(\theta_i - \theta')$ の値が最小になるときのmとnを探すという方法で得た. 表 3-1 はm=1.81, n=1.30にとった時の $(\theta_i - \theta')$ の値であるが, 表示のように最大+1.95°と最小-1.87°の間にばらついている. もしも, この程度の差が許されるものとするならば, 式 3-19 は式 3-24 のように書き換えることができる.

表 3-1 曲げ角度の近似解比較(角度:度)

θ_i	θ'	$\theta_i - \theta'$
10	8.40	1.60
20	18.05	1.95
30	28.18	1.82
40	38.58	1.42
50	49.14	0.86
60	59.77	0.23
70	70.40	-0.40
80	80.97	-0.97
90	91.43	-1.14
100	101.75	-1.75
110	111.87	-1.87
120	121.78	-1.78
130	131.46	-1.46
140	140.91	-0.91
150	150.14	-0.14
160	159.25	0.75
170	168.50	1.50
180	180.00	0.00

$$[1 - (\frac{\theta_i}{\pi})^m]^n = 2(\frac{i}{N})^3 - 3(\frac{i}{N})^2 + 1 \tag{3-24}$$

第3章 ロール曲げ角度配分の決定方法

但し，m＝1.81，n＝1.30

式3-24より，θ_iについて解くと，式3-25が得られる．

$$\theta_i = \pi \left[1-\left(2\left(\frac{i}{N}\right)^3-3\left(\frac{i}{N}\right)^2+1\right)^{1/1.30}\right]^{1/1.81} \tag{3-25}$$

結局，式3-25に全成形段数N，i＝1，2，・，Nを与えれば，各段での曲げ角度θ_iが得られる．

曲げ半径ρ_iについては，式3-16を変換した式3-26に，式3-25の結果を代入すれば求められる．

$$\rho_i = \frac{L}{2\theta i} \tag{3-26}$$

なお，この場合も，式3-15に変動指数κを与えた式3-27を用いることによって，パイプエッジの水平面に対する投影軌跡を変えることができるため，曲げ角度と曲げ半径の微調整が可能になる．たとえば，κに+0.1，+0.2，・などの正の値を与えれば，成形前段部は丁寧な曲げ角度配分になる．しかし，後段側は粗い曲げ角度配分になる．κに負の値を与えれば，正の場合と逆の結果になる．

$$y_i = \frac{L}{2}\left\{2\left(\frac{i}{N}\right)^{3\cdot\kappa}-3\left(\frac{i}{N}\right)^{2\cdot\kappa}+1\right\} \tag{3-27}$$

3-4-2 エッジフォーミング方式の場合

図3-5に示すように，曲げ半径Rを常に一定にして，曲げ弧長をエッジ側から順次増やしていくロール設計法である．本方式の設計に対しても，式3-1，3-2，3-13，3-14のほかに，本方式の設計の仮定から式3-28を，また図3-5から幾何学的に求まる式3-29を用いる．

$$R = 一定 \tag{3-28}$$

$$y_i = \frac{L}{2} - R(\theta_i - \sin\theta_i) \tag{3-29}$$

ここで，式3-15が式3-29と等しいとすると，式3-30を得る．

$$\frac{L}{2} - R(\theta_i - \sin\theta_i)$$

$$= \frac{L}{2}\{2(\frac{i}{N})^3 - 3(\frac{i}{N})^2 + 1\} \quad (3\text{-}30)$$

式 3-30 を θ_i について解けば各段における曲げ角度が得られる．

しかし，式 3-30 の $\sin\theta_i$ をマクローリン展開して，高次の項を省略する求め方は，式 3-31 のように 3 次，5 次の項があり計算が厄介である．

$$\sin\theta_i = \frac{\theta_i}{1!} - \frac{\theta_i^3}{3!} + \frac{\theta_i^5}{5!} - \quad (3\text{-}31)$$

そこで，この場合も，式 3-30 の $(\theta_i - \sin\theta_i)$ を式 3-32 のように置き換えて近似解を得ることにした．

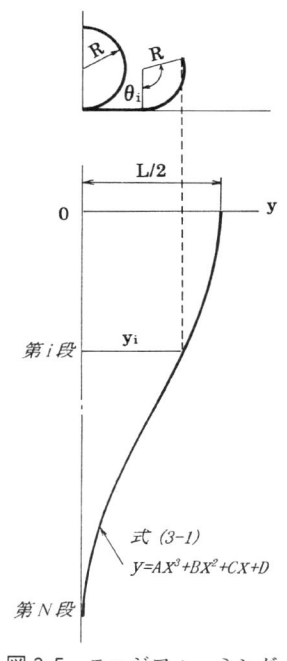

$$\theta_i - \sin\theta_i \fallingdotseq 0.41\theta_i^2 - 0.28\theta_i \quad (3\text{-}32)$$

図 3-5 エッジフォーミングによる設計

置き換えの妥当性の検証は，左辺と右辺の差をとって行った．この結果，差は 0.1 以下である．この程度の差は許されるものとして，式 3-30 を式 3-33 のように書き換えた．

$$0.41\theta_i^2 - 0.28\theta_i = (\frac{L}{2R})\{3(\frac{i}{N})^2 - 2(\frac{i}{N})^3\}$$

$$= \pi\{3(\frac{i}{N})^2 - 2(\frac{i}{N})^3\} \quad (3\text{-}33)$$

式 3-33 を解くと式 3-34 を得る．

$$\theta_i = \left[0.28 + \sqrt{0.078 + 1.64\pi\{3(\frac{i}{N})^2 - 2(\frac{i}{N})^3\}}\right] / 0.82 \quad (3\text{-}34)$$

結局，式 3-34 に全成形段数 N，i=1, 2, ・, N を与えれば各段の曲げ角度 θ_i が得られる．

3-4-3 ダブルラディアスフォーミング方式の場合

これは，前記の二つの方式を併合したロール設計法である．本方式のロール設計に対しては次の条件の下で行った．

i) 板端から$\pi D/4$（Dはパイプ直径）の範囲はエッジフォーミング方式で曲げ，$\pi D/4$から$\pi D/2$の範囲はサーキュラフォーミング方式で曲げるものとする．

ii) 上記iのエッジフォーミング方式では，各段の曲げ量を均等に配分する．

まず，図3-6における第i段目は，サーキュラフォーミング方式による曲げ半径をρ_{ci}，曲げ角度をθ_{ci}，エッジフォーミング方式による曲げ半径をR，曲げ角度をθ_{ei}とする．また，第1段目のエッジフォーミングにおける曲げ半径をR，曲げ角度をθ_{e1}とする．

これらを用いて，上記の設計条件i), ii)から次の式が得られる．

$$\rho_{ci} \theta_{ci} = (L/2 - R\theta_{ei}) \tag{3-35}$$

$$\theta_{ei} = \theta_{e1} + \left(\frac{i-1}{N-1}\right)\left(\frac{\pi}{2} - \theta_{e1}\right) \tag{3-36}$$

また，図3-6から幾何学的に第i段目におけるパイプエッジからパイプ中心までの水平面に対する投影長さy_iは，式3-37のようになる．

$$y_i = (\rho_{ci} - R)\sin\theta_{ci} + R\cos\left(\theta_{ci} + \theta_{ei} - \frac{1}{2}\pi\right) \tag{3-37}$$

式3-37のρ_{ci}に式3-35のρ_{ci}を代入すると，式3-38が得られる．

$$y_i = \left\{\left(\frac{\frac{L}{2} - R\theta ei}{\theta ci}\right) - R\right\}\sin\theta_{ci} + R\cos\left(\theta_{ci} + \theta_{ei} - \frac{\pi}{2}\right) \tag{3-38}$$

式3-38において，$L = 2\pi R$であるから，これを用いて式3-38のRを消去した後に，両辺をL/2で除すと，式3-39を得る．

$$y_i/(L/2) = \left(1 - \frac{\theta ei}{\pi}\right)\frac{\sin\theta ci}{\theta ci} + \frac{2}{\pi}\sin\left(\frac{\theta ei}{2}\right)\sin\left(\frac{\pi}{2} - \theta_{ci} - \frac{\theta ei}{2}\right) \tag{3-39}$$

この場合も，式3-39の$\sin\theta/\theta$，$\sin\theta$の項を次のように置き換えた．

$$\frac{\sin\theta}{\theta} \fallingdotseq 1 - a\theta^2 \qquad (3\text{-}40)$$

$$\sin\theta \fallingdotseq b\theta - c\theta^2 \qquad (3\text{-}41)$$

式 3-39 の左辺 $y_i/(L/2)$ を y_i' として，式 3-40, 3-41 を式 3-39 に代入すると式 3-42 を得る．

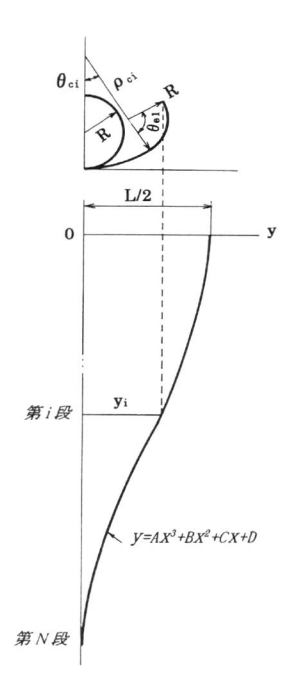

$$A\theta_{ci}^2 - 2B\theta_{ci} + y_i' - C = 0 \qquad (3\text{-}42)$$

これを θ_{ci} について解くと式 3-43 を得る．

$$\theta_{ci} = \frac{1}{A}\left[B + \sqrt{B^2 - A(y_i' - C)}\right] \qquad (3\text{-}43)$$

ただし，式 3-42 の係数 A, B, C は次のようである．

$$A = a\left(1 - \frac{\theta ei}{\pi}\right) + \frac{2c}{\pi}\sin\frac{\theta ei}{2}$$

$$B = c\left(1 - \frac{\theta ei}{\pi}\right)\sin\frac{\theta ei}{2} - \frac{b}{\pi}\sin\frac{\theta ei}{2}$$

$$C = 1 - \frac{\theta ei}{\pi} + b\left(1 - \frac{\theta ei}{\pi}\right)\sin\frac{\theta ei}{2}$$
$$- \frac{\pi c}{2}\left(1 - \frac{\theta ei}{\pi}\right)^2 \sin\frac{\theta ei}{2}$$

ここで，式 3-39 の y_i は，本設計の仮定から導いた式 3-15 である．

図 3-6 ダブルラデイアスフォーミング法による設計

式 3-40, 3-41 の係数 a, b, c の値は，試行錯誤的であるが，$a = 0.146$，$b = 0.854$，$c = 0.065$ にとった．式 3-43 の曲げ角度 θ_{ci} を電卓でもとめた結果と，第 8 章に示す自動設計法で求めた結果を比較すると，成形前半において最大 $2.9°$ のズレを生じている．この程度のズレは許されものとするならば a, b, c の各値は妥当であると言える．

曲げ半径 ρ_{ci} は，式 3-35 に式 3-43 の結果を代入すれば得られる．

第4章

電卓によるロールの設計方法

　本章は，第2章，第3章の成形段数の見積もり法，およびロール曲げ角度配分法を実際のロール設計に適用する方法を対称断面，非対称断面，広幅断面，およびパイプ断面の各場合について例示しているほか，板の成形工程図を作成する方法について説明している．

4-1　対称断面材のロール設計法

4-1-1　対称溝形断面材のロール設計例

　図 4-1 は，ロール設計の対象とする対称溝形断面の形状および寸法を示している．本節では成形段数の見積もり，ロール曲げ角度配分，および，製品精度の検討などについて記している．

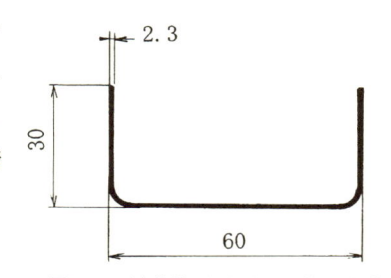

図 4-1　対称溝形断面の形状と寸法

(ⅰ)　成形段数の見積もり

　図 4-1 の断面形状と寸法より全フランジ長さは $F=2\times30=60$ mm，全曲げ角数は $n=2$，板厚は $t=2.3$ mm であるから形状因子・関数 Φ_1 の値は，$\Phi_1 = Fnt = 276$ mm^2 と求まる．次に，この値を第2章の図 2-2 の図表に対応させて全成形段数を見積もると $N \fallingdotseq 7$ 段を得る．ここで，図 2-2 は製品の精度対策として1段余分に見込まれていることを考慮すると，実質的な成形段数は $N=6$ 段であると見積もられる．

(ⅱ)　ロール曲げ角度配分

全成形段数 N=6，最終曲げ角度 $\theta_0=90°$，および，i=1, 2, ··6 を式 3-4 に代入すると各段における曲げ角度 θ_i は次のように求まる．

$$\theta_i = 22.2° \rightarrow 42.2° \rightarrow 60° \rightarrow 75° \rightarrow 85.8° \rightarrow 90° \quad (4\text{-}1)$$

(ⅲ) 製品精度の検討

形鋼の成形においては，通常，最終段の前段にオーバーベンドロールを設置して切口変形の防止，スプリングバックの減少などの精度対策を行っている．たとえば，切口変形の除去に注目した場合は次のようである．

第 6 章，6-9-3 節に示す切口変形を除去するための適正オーバーベンドロール角度をもとめる式 6-3 に，板厚 t=2.3 mm，フランジ高さ H=30 mm を代入すると $\theta_{opt}=93.6° \sim 94.6° \fallingdotseq 94°$ ともとめられる．結局，本溝形断面の成形工程図は図 4-2 のようになる．

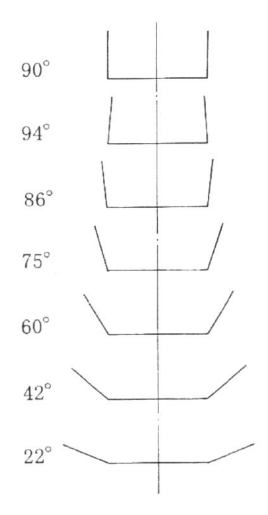

図 4-2 対称溝形断面の成形工程

$$\theta_{opt} = \left(0.13\frac{H}{t}+92.4\right) \pm 0.5 \quad (6\text{-}3)$$

4-1-2 サッシュ断面材のロール設計例

図 4-3 はロール設計の対象とする対称サッシュ(Sash)断面の形状と寸法である．本節では，成形工程の検討，成形段数の見積もり，ロール曲げ角度配分，製品精度の検討，および，成形工程図の再検討について記している．

(ⅰ) 成形工程の検討

本断面の成形工程は，図 4-4 に示すようにハット形成形と，更に，これを曲げ起こす C 形成形との二つを組み合わせた工程をとるものとした．なお，工程図の求め方は，最終断面を順次開いていく成形とは逆の工程を考えれば容易に得られる．

(ⅱ) 成形段数の見積もり

第4章 電卓によるロールの設計方法

　図4-3の形状と寸法から全フランジ長さは $F = 2(10+22+40) = 144$ mm，全曲げ角数は $n = 6$，板厚は $t = 1.6$ mm であることより，形状因子関数 Φ_1 の値として $\Phi_1 = Fnt = 1382$ mm^2 を得る．これを，図2-2の右側に示すC形断面曲線に対応させると全成形段数として15段が得られる．この場合も，図2-2は製品の精度対策として1段余分に見込まれていることを考慮すると，本断面を成形する実質的な成形段数は $N = 14$ 段であると見積もられる．

　次に，本断面の成形工程をハット形成形とC形成形に分けているが，それぞれに対する成形段数の振り分けは，ハット成形に6段，C形成形に8段と分けた．段数の振り分け方法は次のようである．

　まず，ハット形成形の最終断面の形状に注目して，これより全フランジ長さ $F = 2(10+22) = 64$ mm，全曲げ角数 $n = 4$，板厚 $t = 1.6$ mm を得る．次に，これらの値から対称断面の形

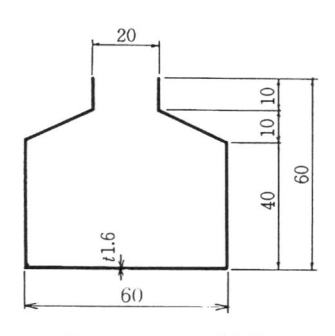

図4-3 サッシュ断面の形状と寸法成図

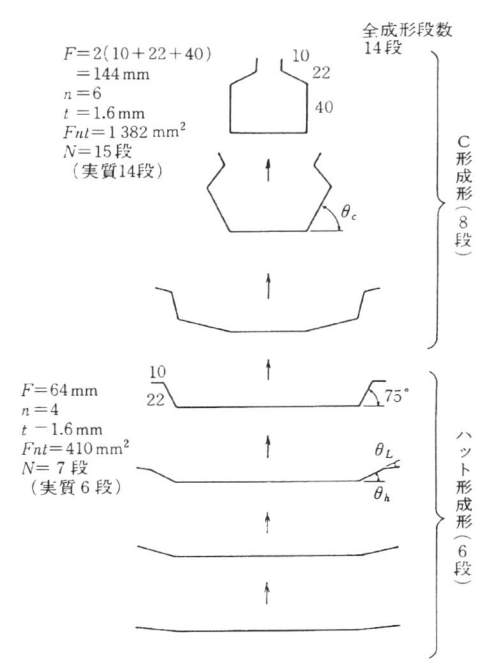

図4-4 サッシュ断面の曲げ構想図

状因子関数の値 $\Phi_1 = Fnt = 410$ mm^2 をもとめ，これを図2-2の左側のハット形断面曲線に対応させると成形形段数7段が得られる．この場合も，上記と同

じ理由からハット形断面の実質的な成形段数はN＝6段であると見積もる．従って，ハット形成形に続くC形成形には14段の内の残り8段がこれに当てられるものとするという方法で段数の振り分けを行った．

（ⅲ）ロール曲げ角度配分

ロール曲げ角度配分はハット成形とC形成形のそれぞれについて行った．まず，ハット形成形については全成形段数N＝6，最終曲げ角度θ_o＝75°を式3-4に代入して図4-4に示す各段の曲げ角度θ_hをもとめると式4-2のように得られる．

$$\theta_h = 19° \to 36° \to 51° \to 63° \to 72° \to 75° \qquad (4\text{-}2)$$

リップ成形は，ハット形成形の後段の3段のみで行うものとしたので成形段数N＝3，最終曲げ角度θ_o＝75°を式3-4に代入して，図4-4に示す各段の曲げ角度θ_Lを式4-3のようにもとめた．

$$\theta_L = 36° \to 63° \to 75° \qquad (4\text{-}3)$$

C形成形はN＝8，θ_o＝90°を式3-4に代入して図4-4に示す各段の曲げ角度θ_Cを式4-4のようにもとめた．

$$\theta_C = 17° \to 33° \to 47° \to 60° \to 72° \to 81° \to 88° \to 90° \qquad (4\text{-}4)$$

（ⅳ）製品精度の検討

本サッシュ断面に対する精度対策は切口変形を除去することに注目した．C形断面の切口変形を除去する適正オーバーベンドロール角度は式6-5から求められる．

$$\theta_{opt} = \left(0.8\frac{H}{tF_2} + 92.5\right) \pm 0.5 \qquad (6\text{-}5)$$

本断面は，板厚t＝1.6 mm，フランジ高さH＝40 mm，リップ幅F_2はフランジより先の部分の32 mm（＝10＋22）であると仮定して，これらを式6-5に代入すると適正オーバーベンドロール角度$\theta_{opt} \fallingdotseq 93°$を得る．

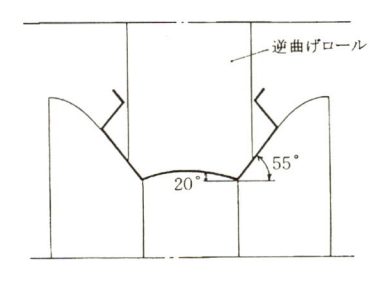

第4章　電卓によるロールの設計方法

図 4-5　ブラインドコーナー対策(1) 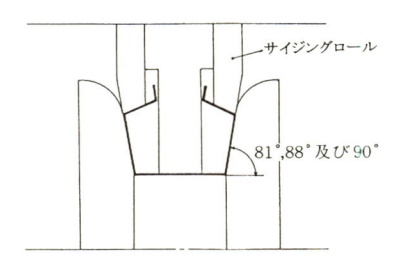　　図 4-6　ブラインドコーナー対策(2)

(ⅴ)　成形工程図の再検討

　上記の計算値を用いて各段の断面を描き，成形工程図の全体の流れを再検討した．得られた図から最も懸念されることは，成形後段部における断面の曲げコーナ部を上ロールが押すことのできないブラインドコーナである．ロール成形では，このようなブラインドコーナに対して最も一般的な対処の仕方は図 4-5 に示すウェブ部分の逆曲げ成形である．これは図のように逆曲げすることによって断面が開き，上ロールが曲げコーナ部を押すことができる．この他のブラインドコーナ対策としては，成形後段のフランジ曲げ角度が θ_c =81°，88°，90°である段の上ロールを図 4-6 のようなサイジングロールにして，フランジに圧縮力を作用させながら曲げ起こしてブラインドコーナの曲げを助ける方法である．図 4-7 のロールフラワー図はこれらを考慮して描かれたものである．

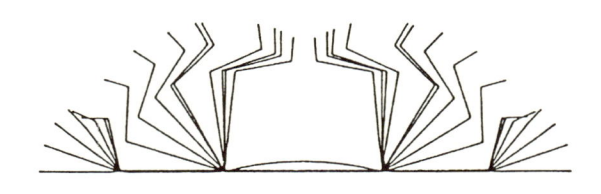

図 4-7　サッシュ断面のロールフラワー図

4-2 非対称断面材のロール設計法

4-2-1 トラックフレーム断面材のロール設計例（Ⅰ）

図 4-8 は設計対象のトラックフレーム断面の形状と寸法である．

本非対称断面は，第 2 章，2-3 節で示した断面を傾けないで成形するものとしての設計法を記している．

（ⅰ） 成形工程の検討

本断面の成形工程は図 4-9 に示すように，ハット形成形と，その後につづくC形成形の組み合わせで成形するものとした．

（ⅱ） 成形段数の見積もり

図 4-8 の断面の形状と寸法から本断面に対する形状因子関数 Φ_2 を求めると次のようである．

断面の左側ではフランジ長さ $F_1=30+34+30=94$ mm，曲げ角数 $n_1=3$，板厚 $t=2.3$ mm であり，右側ではフランジ長さ $F_2=60$ mm，曲げ角数 $n_2=1$，板厚 $t=2.3$ mm である．これらから形状因子関数 Φ_2 の値は $\Phi_2=F_1n_1t+F_2n_2t=(30+34+30)\times3\times2.3+60\times1\times2.3=786.6$ mm^2 を得る．これを図2-4の非対称断面材の成形段数見積もり図に対応させると成形段数は約15段であると見積もれる．

この場合も製品の精度対策として1段

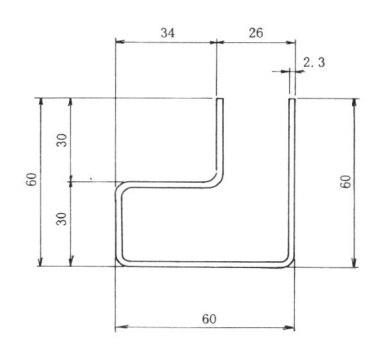

図 4-8 トラックフレーム断面(1)の形状と寸法

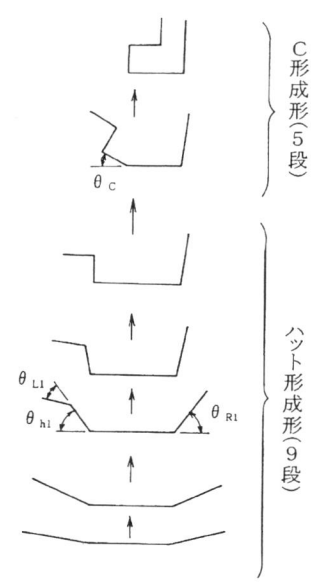

図 4-9 トラックフレーム断面(1)の成形工程

が余分に見込まれていることを考慮すると，実質的な成形段数はN＝14段である．

次に，本断面のハット形成形とC形成形への段数振り分けはハット形成形に9段，C形成形に5段と分けた．この振り分けは，まず，ハット形成形のための段数を求めることから始めるが，図示のようにハット形断面の形状は非対称のハット形形状をしている．このために，この非対称ハット形断面を(1)断面左側に相当する対称のハット形断面と見なして成形段数を見積もる，(2)上記と同様に断面の左右についてFntをもとめ，これの和の値から段数を見積もる場合の2方法がある．(1)の方法で求めると10段(実質9段)が得られる．(2)の方法では11段(実質10段)が得られる．このように，見積もり方法によって若干の差を生じる．設計ではどちらの値を採用すべきか迷う所であるが，本設計では，ハット形成形の後につづくC形成形の方に多くの段数を振り分ける考えをとった．これよりハット形成形に9段，C形成形に14－9＝5段と振り分けた．

(iii) ロール曲げ角度配分

図4-9の成形工程図における各部の曲げ角度は次のように求めた．まず，ハット成形において断面左側のフランジ曲げ角度 θ_{h1}，リップ曲げ角度 θ_{L1} は最終曲げ角度がそれぞれ90°であるから，式3-4より，式4-5, 4-6のように求められる．

$$\theta_{h1} = 15° \rightarrow 29° \rightarrow 42° \rightarrow 54° \rightarrow 65°$$
$$\rightarrow 75° \rightarrow 83° \rightarrow 88° \rightarrow 90° \tag{4-5}$$

なお，式4-6では，リップ長さが短いため，この成形に要する段数を5段として計算している．

$$\theta_{L1} = 26° \rightarrow 48° \rightarrow 69° \rightarrow 84° \rightarrow 90° \tag{4-6}$$

ハット形成形の断面右側のフランジは，最終段(第9段)の曲げ角度を88°とした．これは，これ以降のC形成形で表面傷の発生をさけるためである．

また，左側に対して右側が単純な形状であるが，これを左右同一の段数で成形すると，断面は複雑な断面側に引き寄せられる傾向がある．これを避けるには，右側の成形段数を少なくする方法がある．この場合は7段としてθ_{R1}の角度を求めた．この結果，ロール角度の配列は$19°\rightarrow 36°\rightarrow 52°\rightarrow 66°\rightarrow 77°\rightarrow 85°\rightarrow 88°$となる．ここでの段数は9段であるので66°と85°ロールを2回使用するロール角度配分とした結果，式4-7を得た．

$$\theta_{R1}=19°\rightarrow 36°\rightarrow 52°\rightarrow 66°\rightarrow 66° \\ \rightarrow 77°\rightarrow 85°\rightarrow 85°\rightarrow 88° \quad (4-7)$$

C形成形では断面左側の曲げ角度θ_cはN=5より次のようになる．

$$\theta_c=26°\rightarrow 50°\rightarrow 69°\rightarrow 84°\rightarrow 90° \quad (4-8)$$

C形成形の断面右側のフランジ曲げ角度は，9段から13段までをハット形成形の最終曲げ角度$\theta_{R1}=88°$のままで成形して，最終段(14段)のみを90°とした．

(iv) 製品精度の検討

本断面の設計ではブラインドコーナの発生は避けられない．このため，フランジの曲げ角度の精度を上げるために仲子ロール，あるいはマンドレルを挿入し，かつサイジングロールを併用するなどの方策をとる必要がある．

4-2-2 トラックフレーム断面材のロール設計例(Ⅱ)

図4-10は設計の対象とするトラックフレーム断面の形状と寸法である．本断面を傾けて成形する場合の設計は次のようである．

(ⅰ) 成形工程図の検討

非対称面材を傾けて成形する場合の傾け角度の設定については確固たる設計法はない．理論的には断面のせん断中心に成形力が働くようにすればねじれは発生しないはずであるが，この考えをロール設計にどのように織り込めばよいかは不明である．設計現場ではいろいろな方法が試みられている．

第4章　電卓によるロールの設計方法　39

例えば，断面二次モーメント主軸の一方の主軸をロール軸と平行にとる方法がある．本断面の設計にこの設計法を適用した．結果は次のようである．まず，図 4-10 の断面二次モーメント主軸 I_u, I_v をもとめると一方の主軸 I_v は図示のようにフランジと 33.2°傾く．この主軸をロール軸と平行になるように

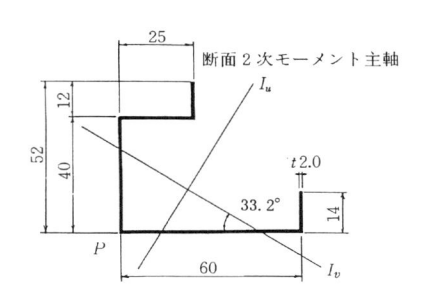

図 4-10 トラックフレーム断面(2)の形状と寸法

して断面図を傾けて描くと，図 4-11 の最上位図のようになる．傾け角度が 33.2°では断面の最下点の折り曲げ点Ｐに上ロールが当たらない，いわゆる，ブラインドコーナになる．本設計では，ブラインドコーナの発生を回避するためにＰ点を中心にして断面を反時計回りに回転させることにした．結果的には，図示のようにフランジとロール軸とが 45°になるように回転させるとＰ点を上ロールが押すことができるようになる．このような方法で最終段の断面の傾け角度が決定しているため，断面主軸とロール軸は必ずしも平行にはなっていない．図 4-11 は，このような方法で最終断面の傾け角度を決定した後に，この形状を順次開いていくことによって本断面の成形工程を求めたものである．

(ⅱ)　成形段数の見積もり

　図 4-11 の最終断面の形状と寸法から左右の各フランジの $F_1 n_1 t$ と $F_2 n_2 t$ は次のようになる．まず，断面左側では $F_1 = (12+25+40) = 77$ mm, $t = 2$ mm であり，曲げ角数はＰ点の曲げ角数を 0.5 とすると全曲げ角数は $n_1 = 2.5$ となる．断面右側についても同様に考えると，$F_2 = (14+60) = 74$ mm, $t = 2$ mm, $n_2 = 1.5$ である．これより形状因子関数 Φ_2 は $\Phi_2 = F_1 n_1 t + F_2 n_2 t = 607$ mm^2 を得る．この値を図 2-4 に対応させると，成形段数は $N = 13$ 段であると見積もれる．この場合も製品の寸法精度対策として 1 段が余分に見込まれていることを考慮すると，実質的な全成形段数は 12 段である．また，この 12 段を図 4-11 のように，ハット形成形分とＶ形成形分とに振り分けた．段数の振り分

けは前記の場合と同様に，まずハット形形状成形の終段における非対称ハット形断面を，断面左側の形状をもつ対称ハット形断面と仮定して形状因子関数を求めた．

この値を計算すると $F n t = 2 \times (25+12) \times 4 \times 2 = 592 mm^2$ を得る．これを図 2-2 の左側曲線に対応させると成形段数は 8 段(実質 7 段)と見積もれる．なお，ハット形成形の最終段を非対称ハット形断面の形状で成形段数を見積もると形状因子関数の値は $(37 \times 2 \times 2)+(14 \times 1 \times 2) = 176 mm^2$ となり，これを図 2-4 に代入すると約 8 段(実質 7 段)を得る．結局，全成形段数 12 段はハット形状成形に 7 段，残りの 5 段(12-7=5)は V 形状成形へとそれぞれ振り分けた．

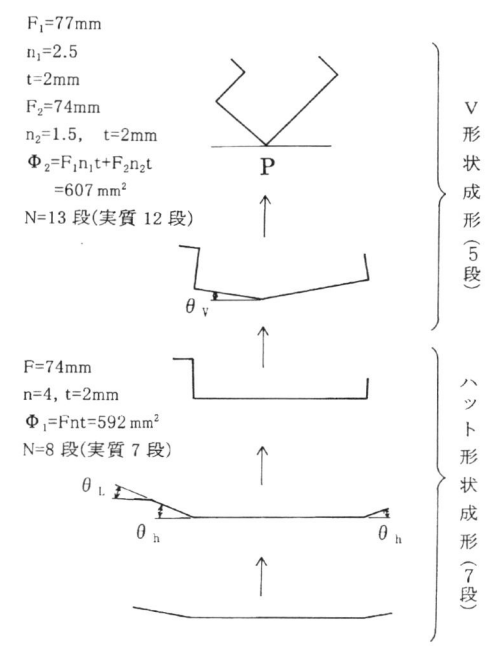

$F_1=77mm$
$n_1=2.5$
$t=2mm$
$F_2=74mm$
$n_2=1.5,\ t=2mm$
$\Phi_2 = F_1 n_1 t + F_2 n_2 t = 607 mm^2$
N=13 段(実質 12 段)

$F=74mm$
$n=4,\ t=2mm$
$\Phi_1 = Fnt = 592 mm^2$
N=8 段(実質 7 段)

図 4-11 トラックフレーム断面(2)の成形構想図

(ⅲ) ロール曲げ角度配分

図 4-11 に示す各部の曲げ角度は，式 3-4 に最終曲げ角度 θ_0，および，成形段数 N を与えることによって得られる．ハット形状成形では，$\theta_0=90°$，成形段数 N ＝7 であるから次のように曲げ角度が得られる．

$$\theta_h = 19° \to 37° \to 53° \to 67° \to 79° \to 87° \to 90° \quad (4\text{-}9)$$

また，ハット形成形でのリップ成形は 4 段で行うものとして，式 3-4 に N＝4，$\theta_0=90°$ を与えると次のように得られる．

第 4 章　電卓によるロールの設計方法　　　　　　　　　　　　　　　41

$$\theta_L = 33° \to 60° \to 81° \to 90° \qquad (4\text{-}10)$$

V 形成形は N＝5，$\theta_0 = 45°$ である．これらを式 3-4 に与えると次のように得られる．

$$\theta_V = 14° \to 26° \to 36° \to 42° \to 45° \qquad (4\text{-}11)$$

上記の計算結果によって描かれた各段の断面を重ね合わせると図 4-12 のロールフラワー図が得られる．

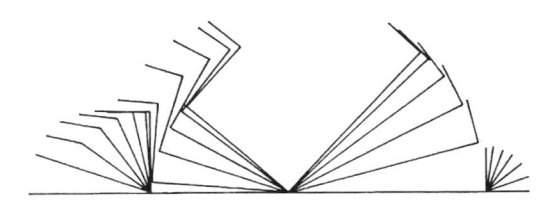

図 4-12　トラックフレーム断面(2)のロールフラワー

4-3　広幅断面材のロール設計法

4-3-1　デッキプレート断面材のロール設計例

図 4-13 に示すデッキプレート断面を図 3-2 に示す 4 溝同時成形の方式で設計する場合について説明する．

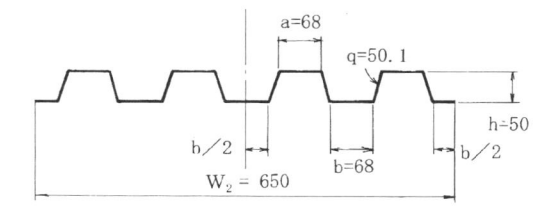

図 4-13　デッキプレート断面の形状と寸法

(ⅰ) 成形段数の見積もり

図 4-13 のデッキプレートの形状と寸法から，本広幅断面材の形状因子関数 Φ_3 は，素材板幅 W_1=926mm，製品幅 W_2=650mm，断面高さ h=50mm，曲げ角数=16 の各値の積から Φ_3=926x50x16／650=1140mm を得る．これを図 2-5 に示す最近のデータの直線に対応させると成形段数は約 16 段であると見積もれる．

図 2-5 は製品の精度対策として 1 段が余分に見込まれていることを考慮すると実質の成形段数は N=15 段である．

(ⅱ) ロール曲げ角度配分

平板から最終断面に至るまでの各段における製品半幅 y_i は式 3-8 に W_1=926mm，W_2=650，N=15 を代入すると表 4-1 のように得られる．

$$y_i = \left(\frac{W_1 - W_2}{2}\right)\left\{2\left(\frac{i}{N}\right)^3 - 3\left(\frac{i}{N}\right)^2\right\} + \frac{W_1}{2} \quad (3\text{-}8)$$

また，各段の曲げ角度 θ_i は式 3-10 に断面片側の溝数 k=2，断面の各部寸法 a=68mm，b=68mm，溝斜辺長さ q=50.1mm，および表 4-1 の製品半幅の各値を代入すると曲げ角度は表 4-1 に示すように得られる．

$$\cos\theta_i = \frac{1}{2q}\left(\frac{y_i}{k} - a - b\right) \quad (3\text{-}10)$$

表 4-1　デッキプレート断面の製品半幅と曲げ角度

成形番号 i	製品半幅(mm)	曲げ角度(度)
1	461.3	19.2
2	456.4	23.1
3	448.7	28.1
4	438.9	33.6
5	427.3	39.2
6	414.5	44.7
7	400.9	50.0
8	387.2	54.9
9	373.6	59.5
10	360.8	63.7
11	349.2	67.3
12	339.4	70.3
13	331.7	72.7
14	326.8	74.1
15	325.0	75.0

4-3-2　キーストンプレート断面材のロール設計例

図 4-14 のキーストンプレート断面を逐次溝成形法で成形する場合の設計は次のようである．

(ⅰ) 成形行程の検討

本断面は図 3-3 の成形工程図に示すように断面中央の 1 溝をまず成形する．中央溝の成形が終了した後に中央溝の両側の 2 溝を成形する．このようにして，断面中央から溝数を順次増やす工程をとるものとする．

第4章 電卓によるロールの設計方法

(ⅱ) 成形段数の見積もり

図4-14に示すように本断面の総溝数は7である．各溝には4個の曲げコーナがあるから，総曲げ角数nはn＝28個である．また，素材板幅W_1＝888 mm，製品幅W_2＝650 mm，断面高さh＝25 mm であるから，本断面の形状因子関数Φ_3は$\Phi_3 = W_1 h n / W_2 = 956$ mm となる．次に，この値を図2-5の実線の直線にあてはめると成形段数Nは約16段(実質15段)であると見積もれる．

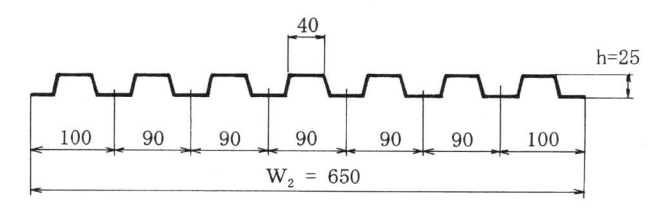

図4-14 デッキプレート断面の形状と寸法

(ⅲ) ロール曲げ角度

式3-8に素材板幅W_1＝888 mm，製品幅W_2＝650 mm，成形段数N＝15段を代入すると，各段における製品半幅y_iは表4-2のように得られる．一方，図3-3に示す1溝，3溝，5溝が成形された時の製品半幅$Y_α$，$Y_β$，$Y_γ$を幾何学的に求めると427，393，359 mm が得られる．これらの値と表4-2の製品半幅の値とを見比べながら両者が最も近い値になるときのiの値をもとめる．このiの値が1溝，3溝，5溝の各溝の成形を終了するときの成形段番号である．

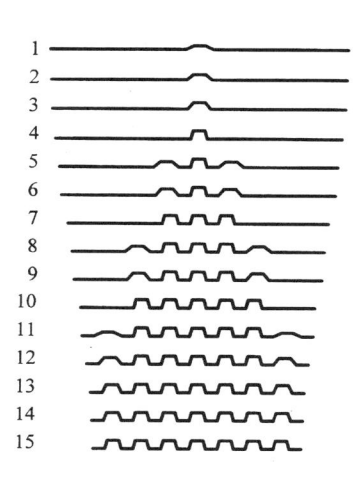

図4-15 キーストンプレート断面の成形工程

結局，y_i＝423.1mm，y_i＝390.4mm，y_i＝355.9mm の各値が$Y_α$，$Y_β$，$Y_γ$に最も近い値であることから中央の1溝成形は i＝1～4段の4段で行い，中央

央溝の両端の2溝の成形はi=5～7段の3段で行う．また，その隣の2溝の成形はi=8～10段の3段で行う．最後に，両端2溝はi=11～15段の5段で成形するという設計法である．これより，各段での板の曲げ角度は式3-11から表4-2のように得られる．図4-15は本設計による成形工程図である．

(iv) 成形工程図の再検討

各溝を成形する初段の曲げ角度について表4-2と図4-15を検討すると，中央溝成形ではi=1で$20.8°$，3溝成形のi=5では$45.7°$，5溝成形のi=8では$46.6°$，7溝成形のi=11では$44°$のように厳しい曲げ角度で成形を開始している．このような成形は，第6章で示すあばら波形状欠陥の発生や，仕様通りの断面寸法が得られないなどの原因となりやすい．

このような理由から曲げ角度配分を次のように変更した．たとえば，式3-12の変動指数κに$\kappa=0.2$を与えて計算をやり直すと製品半幅，曲げ角度は表4-3のように得られる．これを修正前の表4-2の結果と比較すると各溝の成形初段の曲げ角度は少なくなっている．しかし，逆に，各溝の成形終了前段での角度は増大することになる．

$$yi = \left(\frac{W_1-W_2}{2}\right)\left\{2\left(\frac{i}{N}\right)^{3+\kappa} - 3\left(\frac{i}{N}\right)^{2+\kappa}\right\} + \frac{W_1}{2}$$

(3-12)

上記とは別の対策としてCookson成形法，別名，Air flow成形がある．これは，図4-15で平らになっている未成形部分をロールで拘束せずに，断面上下方向に自由にさせる方法である．広幅断面材の成形は，通常この方法で行っている．

表4-2 製品半幅($\kappa=0$)

成形番号i	製品半幅(mm)	曲げ角度(度)
1	442.5	20.8
2	438.2	41.6
3	431.6	62.6
4	423.1	75.0
5	413.1	45.7
6	402.1	62.7
7	390.4	75.0
8	378.6	46.6
9	366.9	64.6
10	355.9	75.0
11	345.9	44.0
12	337.4	57.7
13	330.8	67.0
14	326.5	72.7
15	325.0	75.0

表4-3 製品半幅($\kappa=0.2$)

成形番号i	製品半幅(mm)	曲げ角度(度)
1	443.1	16.0
2	440.1	33.9
3	435.0	52.5
4	428.0	75.0
5	419.2	33.9
6	409.1	52.3
7	398.0	75.0
8	386.3	31.3
9	374.4	53.4
10	362.7	75.0
11	351.8	32.0
12	342.0	50.6
13	334.0	62.6
14	328.1	70.6
15	325.0	75.0

第4章 電卓によるロールの設計方法

4-4 パイプ断面材のロール設計法

3種類のパイプ設計法のそれぞれについて，曲げ角度，および，曲げ半径の求め方を説明している．なお，本設計では，いずれの場合も直径100mm（素板板幅314mm）のパイプを，成形段数N＝10段で成形するものとする．

4-4-1 サーキュラフォーミング方式によるロール設計例
（ⅰ） ロール曲げ角度配分

式3-25にN＝10, i＝1, 2‥10を代入すると各段における曲げ角度は，表4-4(A)のように得られる．

$$\theta_i = \pi \, [1-(2(\frac{i}{N})^3-3(\frac{i}{N})^2+1)^{1/1.30}]^{1/1.81} \tag{3-25}$$

（ⅱ） ロール曲げ半径

式3-26にL／2＝157mm，および，上記の計算結果の曲げ角度θ_i（ラジアン）を代入すると曲げ半径ρ_iは，表4-4(A)の右側のように得られる．

$$\rho_i = \frac{L}{2\theta_i} \tag{3-26}$$

表4-4 サーキュラフォーミング法によるパイプの設計

(A) 電卓による結果			(B) 自動設計による結果		
段番号 i	曲げ角度 θ_i(度)	曲げ半径 ρ_i(mm)	段番号 i	曲げ角度 θ_i(度)	曲げ半径 ρ_i(mm)
1	21.0	428.6	1	23.5	384.5
2	44.1	204.2	2	45.9	195.6
3	66.9	134.6	3	67.6	133.2
4	89.7	100.3	4	88.3	101.8
5	109.8	82.0	5	108.9	82.8
6	129.1	69.7	6	128.4	70.2
7	146.5	61.4	7	146.8	61.4
8	161.6	55.7	8	162.8	55.3
9	173.5	51.9	9	175.4	51.4
10	180.0	50.0	10	180.0	50.0

表 4-4(B)は，第 8 章に示す自動設計法によって得られたものである．両者を比較すると曲げ角度で 1°～2° の差が見られるほか，曲げ半径は成形前段で若干の差を生じている．図 4-16 は電卓で得られた値(表 4-4, A)で描かれたパイプ断面半分のロールフラワー図である．

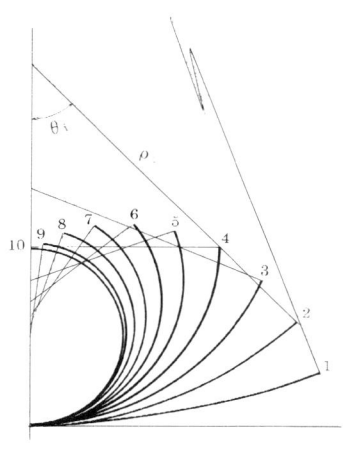

図 4-16　サーキュラフォーミング法によるパイプのフラワー図

4-4-2　エッジフォーミング方式によるロール設計例
(ⅰ)　ロール曲げ角度配分

本方式に対するロール曲げ角度配分は表 4-5 のように得られる．これは，式 3-34 に N＝10，i＝1，2，‥10 を代入して求めたものである．

$$\theta_i = \left[0.28 + \sqrt{0.078 + 1.64\pi\left\{3\left(\tfrac{i}{N}\right)^2 - 2\left(\tfrac{i}{N}\right)^3\right\}}\right] / 0.82 \qquad (3\text{-}34)$$

(ⅱ)　ロール曲げ半径

曲げ半径を常に一定とする成形方式であるため R＝50mm である．なお，表 4-5 に示すパイプ中心から曲げ弧の中心点までの距離 C_i は $C_i = L/2 - R\theta_i$ からもとめた値である．図 4-17 は表 4-5 の値で描かれたパイプ断面半分のロールフラワー図である．

第4章　電卓によるロールの設計方法

表 4-5 エッジフォーミング法
によるパイプの設計

段番号 i	曲げ角度 θ_i(度)	中心位置 C (mm)
1	52.5	111.2
2	74.4	92.2
3	95.8	73.4
4	115.7	56.1
5	133.5	40.6
6	148.8	27.3
7	161.4	16.3
8	171.0	7.9
9	177.2	2.5
10	179.4	0.5

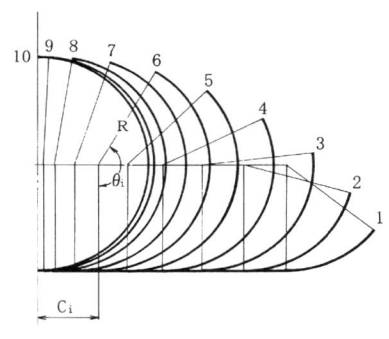

図 4-17 エッジフォーミング法による
パイプのフラワー図

4-4-3　ダブルラディアスフォーミング方式によるロール設計例
(i)　ロール曲げ角度配分

　エッジフォーミング部分の曲げ角度 θ_{ei} をつぎのように求める．まず，第1段目の曲げ角度を $\theta_{e1}=30°$ と与える．これより，第10段目までの各段の曲げ角度 θ_{ei} は，式3-36から表4-6のように得られる．計算では，角度は全てラジアンの値で行っている．

　サーキュラフォーミング部分の曲げ角度 θ_{ci} は，式3-43の係数A, B, Cを $a=0.146$，$b=0.854$，$c=0.065$，θ_{ei}（表4-6）を用いて求めている．なお，表4-6の結果は式3-27に $\kappa=0.4$ を与えたときの y_i の値を用いている．

(ii)　ロール曲げ半径

　エッジフォーミングで成形する部分は，曲げ半径を一定にとる設計法であるから $R=50$ mmである．一方，サーキュラフォーミングで成形する部分の曲げ半径 ρ_{ci} は，式3-35から表4-6のように得られる．図4-18は本設計法によるロールフラワー図である．

$$\rho_{ci}\theta_{ci}=(L/2-R\,\theta_{ei}) \tag{3-35}$$

表 4-6 ダブルラディアスフォーミング法によるパイプの設計

段番号 i	曲げ角度 θ_{ei}(度)	曲げ角度 θ_{ci}(度)	曲げ半径 ρ_{ci}(mm)
1	30.0	3.68	2047
2	36.7	17.8	403
3	43.3	30.8	222
4	50.0	43.2	151
5	56.7	54.9	112
6	63.3	65.8	89
7	70.0	75.6	73
8	76.7	83.8	62
9	83.3	89.2	54
10	90.0	90.0	50

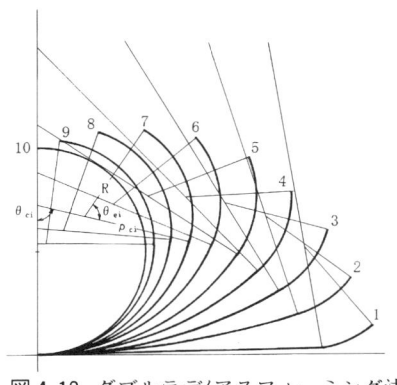

図 4-18 ダブルラディアスフォーミング法によるパイプのフラワー図

第5章

ロール図面の作図方法

　成形工程図の検討が終了した後に，ロール旋削用図面（ロール図面）を作成する．ロール図面の作成に際しては，現在使用している冷間ロール成形機の仕様のほかに，アンコイラー，入り口ガイド，切断機，ランアウトテーブルなど，冷間ロール成形機の前後装置にも充分注意を払わなければならない．本章は，ロール図面作成のための各段の断面寸法算出法，ロールパスライン直径の決定，および，ロール図面の作図方法などについて説明している．

5-1　各段における断面寸法の計算法

5-1-1　素板板幅の計算

　素板板幅の計算方法は第4章，図4-3に示したサッシュ断面を用いて説明する．図5-1はサッシュ断面のより詳細な形状と寸法である．

　まず，計算に先立ってサッシュ断面を図5-1の左側に示すように直線部分と曲げ部分に区分し，それぞれに番号①から⑦をつける．

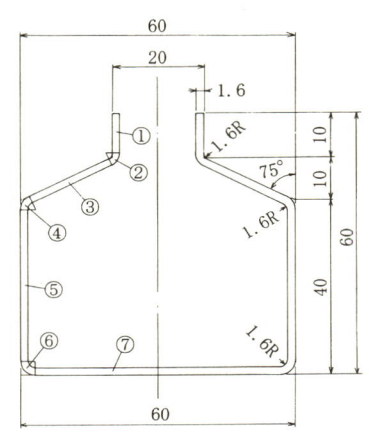

図5-1　サッシュ断面の分割，および，各部の寸法

曲げ角部②, ④, ⑥の寸法計算は, 板中央に中立軸があるものと仮定して中立軸線の弧長を式5-1から求める. Rは曲げ部の内側半径である. 直線部分①, ③, ⑤, ⑦の寸法は式 5-2 のように求める. このようにして求めた値は表 5-1 のようである. 全板幅は①～⑦の和の 2 倍である. なお, 本断面は冷間圧延鋼板(SPCC)を対象にしているが, アルミニウム合金, 銅合金などの伸びやすい板では, 板表面から中立軸までの距離を 0～0.2t にしている.

$$\ell_i = 2\pi(R+0.5t)\frac{\theta_i}{360} \qquad (5\text{-}1)$$

$$① = 10 - 1.6\tan\frac{75}{2} \qquad (5\text{-}2)$$

表 5-1　サッシュ断面の各部の寸法　　　　単位 (mm)

	①	②	③	④	⑤	⑥	⑦	全板幅
寸 法	8.77	3.14	18.68	3.14	34.35	3.77	26.80	197.30

5-1-2　各段における断面寸法の計算

本サッシュ断面は第 4 章, 図 4-4 に示した成形工程で成形するものとする. また, 断面各部の内側と外側の寸法計算には式 4-2～式 4-4 に示した曲げ角度配分の値を用いるものとする.

ロール設計では, 曲げ角部の角度変化に伴う寸法計算は次のように行っている. たとえば, 第 2 段のフランジを $\theta_h = 36°$ に曲げ成形する場合について図 5-2 を用いて説明すると次のようである. まず,

1) 板厚 1.6mm の板が 36° に曲げられたとき, 曲げ部分の中立軸弧長を式 5-1 から求める.
2) 表 5-1 の④と, 上記(1)との差 δ の半分を式 5-3 のようにもとめる.
3) 上記(2)の値を図 5-2 の斜線部のように円弧の両端に振り分ける.

上記(3)の処理の後に, 断面の外側と内側の寸法 (B_1, B_2) (T_1, T_2) を式 5-4 のようにもとめる.

第5章　ロール図面の作図方法　　　　　　　　　　　　　　　　　　　　51

$$\ell_i = 2\pi(R+0.5t)\frac{\theta_i}{360} \qquad (5-1)$$

$$\frac{\delta}{2} = \frac{1}{2}(④-\ell_i) \qquad (5-3)$$

$$B_1 = ① + ② + ③ + \frac{\delta}{2} + (R+t)\tan\frac{\theta_i}{2}$$

$$B_2 = (R+t)\tan\frac{\theta_i}{2} + \frac{\delta}{2} + ⑤ + ⑥ + ⑦$$

$$T_1 = ① + ② + ③ + \frac{\delta}{2} + R\tan\frac{\theta_i}{2}$$

$$T_2 = R\tan\frac{\theta_i}{2} + \frac{\delta}{2} + ⑤ + ⑥ + ⑦ \qquad 以上\ (5-4)$$

上記の式で，i＝第2段であるから，R＝1.6mm，t＝1.6mm，θ_i＝36°を，また，式中の①から⑦は表5-1の値を用いる．図5-2の記入寸法は上記の計算結果である．このような方法で初段から最終段までの各段における断面の内側，外側の辺の寸法を計算する．

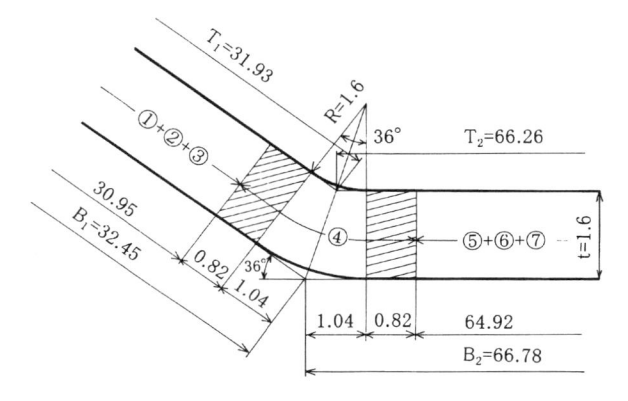

図5-2　第2段(36°曲げ)成形における断面各部の長さ計算

図5-3は，各段における断面内側，外側の辺の長さを計算するために，サッシュ断面左側半分をハット成形の第1段から第3段，リップ成形の第4段から

第6段,および,C形成形の第7段から第14段のそれぞれに分けて,図示のように各辺に記号をつけたものである.表5-2は図5-3の各記号に対する初段から最終段までの各辺寸法の計算結果である.

図5-4は,表5-2の数値によって描かれた各段の断面図である.なお,図中のNo.11の逆曲げとNo.14のオーバーベンドは,5-4節に記す精度対策を行った後の断面図である.

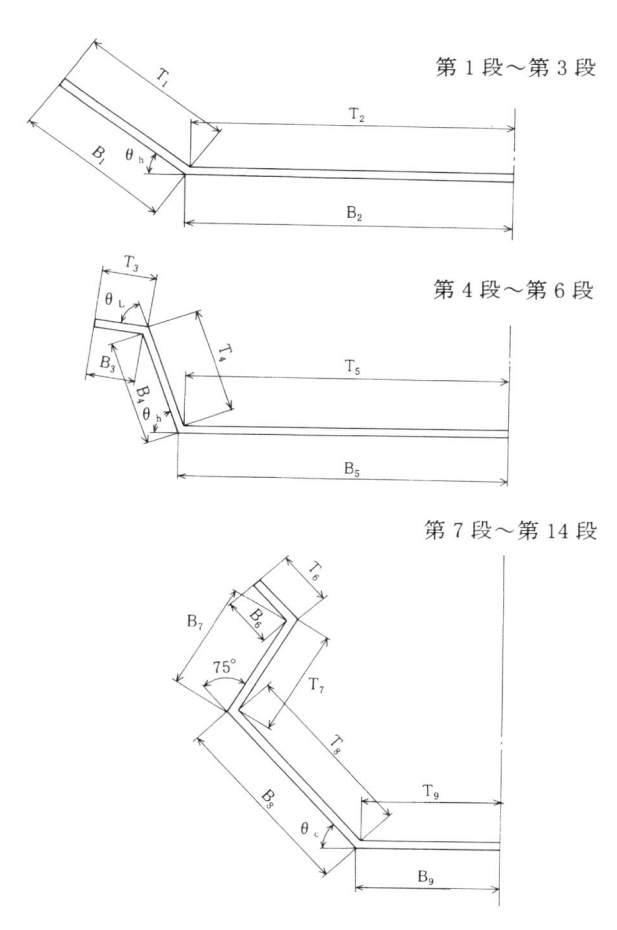

図5-3 第1段~第14段成形における断面内側,外側各部の記号

第5章 ロール図面の作図方法

表 5-2 第1段~第14段成形における断面内側,外側の辺の長さ

断面内側の各部寸法(上ロール側) (mm)

i	T_1	T_2	T_3	T_4	T_5	T_6	T_7	T_8	T_9
1	32.03	66.36	-	-	-	-	-	-	-
2	31.93	66.26	-	-	-	-	-	-	-
3	31.85	66.18	-	-	-	-	-	-	-
4	-	-	10.63	21.77	66.15	-	-	-	-
5	-	-	10.98	22.36	66.14	-	-	-	-
6	-	-	11.23	22.37	66.15	-	-	-	-
7	-	-	-	-	-	11.23	22.37	37.34	28.57
8	-	-	-	-	-	11.23	22.37	37.24	28.46
9	-	-	-	-	-	11.23	22.37	37.18	28.40
10	-	-	-	-	-	11.23	22.37	37.13	28.35
11	-	-	-	-	-	11.23	22.37	37.12	28.34
12	-	-	-	-	-	11.23	22.37	37.14	28.36
13	-	-	-	-	-	11.23	22.37	37.17	28.39
14	-	-	-	-	-	11.23	22.37	37.18	28.40

断面外側の各部寸法(下ロール側) (mm)

i	B_1	B_2	B_3	B_4	B_5	B_6	B_7	B_8	B_9
1	32.30	66.63	-	-	-	-	-	-	-
2	32.45	66.78	-	-	-	-	-	-	-
3	32.62	66.95	-	-	-	-	-	-	-
4	-	-	10.11	22.23	67.13	-	-	-	-
5	-	-	10.00	22.23	67.30	-	-	-	-
6	-	-	10.00	22.37	67.38	-	-	-	-
7	-	-	-	-	-	10.00	22.37	38.82	29.81
8	-	-	-	-	-	10.00	22.37	38.95	28.94
9	-	-	-	-	-	10.00	22.37	39.10	29.09
10	-	-	-	-	-	10.00	22.37	39.29	29.28
11	-	-	-	-	-	10.00	22.37	39.51	29.50
12	-	-	-	-	-	10.00	22.37	39.73	29.72
13	-	-	-	-	-	10.00	22.37	39.94	29.93
14	-	-	-	-	-	10.00	22.37	40.00	30.00

5-2 ロールパスライン直径の決定

　ロールパスライン直径とは,材料の送り速度 v(m/min) とロール周速 (m/min) とが一致する点のロール直径 D(mm) のことであり,これは式 5-3 の関係で示される.これはロール各部の外径を計算するときの基準値として用いる.なお,ロールパスライン直径を定めるときには,冷間ロール成形機の仕様,冷間ロール成形機の前後装置などを考慮しなければならない.

$V = \pi DN$ (5-3)

ただし N = ロール回転数(rpm)

　ロールパスライン直径は段ごとに設定するが，通常，初段から後段にかけて少しずつ大きくしている．これはロールパスライン直径を増大させることによってロール周速度を早め，成形中の材料に張力を働かせるためである．

　一般的には，ロールパスライン直径の増加量は鋼板では約 0.5mm をとっている．アルミニウム合金や銅板のように伸びやすい材料，あるいは，断面剛性が低い断面材を成形する場合には，各段のロールパスライン直径は第 1 段目に対して約 1%づつ増大させている．

　ロールパスライン直径をロールのどの位置に設定するかは断面によって異なる．一般的には，折り曲げ断面の場合は力が最も作用する曲げ角部にとっている．しかし，全ての断面の設計に対してこの考えを当てはめることはできない．

　パイプ断面の場合には，ブレークダウン成形における下側ロールはパイプの底部にとるが，上側ロールは特に設定していない．フィンパス成形における下側ロールはパイプの底部に，上側ロールはフィンロールと板端との交点にそれぞれとっている．

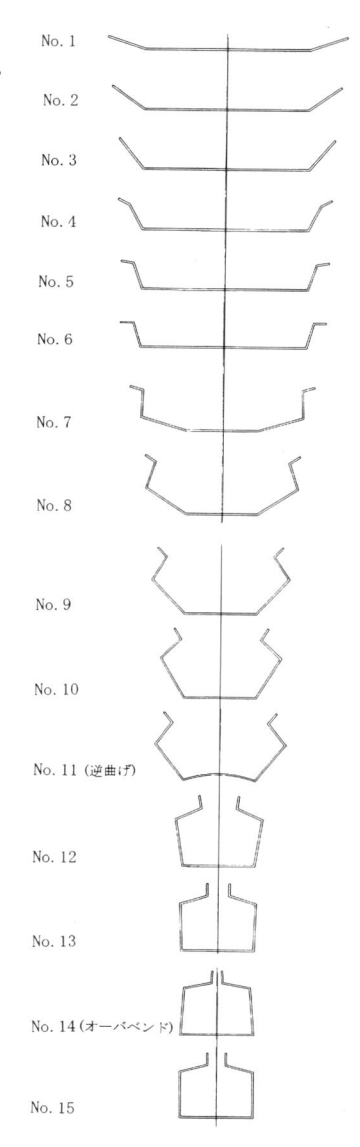

No. 1
No. 2
No. 3
No. 4
No. 5
No. 6
No. 7
No. 8
No. 9
No. 10
No. 11 (逆曲げ)
No. 12
No. 13
No. 14 (オーバベンド)
No. 15

図 5-4　サッシュ断面の成形工程図

第5章 ロール図面の作図方法　　　　　　　　　　　　　　　　55

5–3　ロールの図面化

　サッシュ断面のロール図面化は次の条件で行うものとする．
1) 上下強制駆動の冷間ロール成形機を用いる．上軸と下軸の回転比率（上軸／下軸）は，第1段から第6段は1にとり，第7段以降は0.5にとっている（7段目以降では断面が高くなるために上ロール径を大きくする．これは，上ロールの周速度を高めて，下ロールとの周速度と合わなくなるために回転数を落としている）．
2) ロール軸径は30mm，スペーサ外径は50mmとする．
3) 1段目のロールパスライン直径を120mmとする．
4) ロールパスライン直径は0.5mmづつ増大させる．
5) 11段目のロールは逆曲げロールによるブラインドコーナ対策をとる．
6) 最終段の前段にオーバーベンドロール（93°）を設置する．

以上の条件のもとでロールの幅と外径を次のように求める．

5–3–1　ロール幅の決定

　ロール幅寸法は，図5-4の成形工程図から決定した．ロール幅の寸法を決定するに際しては，上下のロールを数個のロールに分割するのが良い．これは，第2章，2-3節に記したように，類似断面材の成形に対してもロールの兼用が可能になることの他に次ぎのことも重要であるためである．
1) ロールの旋削加工を容易にする．
2) ロール重量を軽減して，ロール組み込み作業を容易にする．

次に，ロール幅の求め方を，図5-5に示す第4段目成形ロールで説明する．
1) 図5-5(A)に示すように上ロールをT-1とT-2の2個に，下ロールをB-1～B-4の4個に分けた分割ロールにする．
2) 図5-5(B)に示すように上下ロールの全幅を200mmにとる．次ぎに，各分割ロールの幅寸法をT-1とT-2はそれぞれ100mmに，B-1とB-2，およびB-3とB-4はそれぞれ2個で100mmにとる．

全体寸法を決定した後に，ロールの詳細寸法を求める．詳細寸法の求め方は，次ぎのようである．

　図5-5(B)の右側に示す各値は，表5-2の第4段目の断面寸法の値である(実際のロール図面ではこれは書かない)．これらの値を用いて左側のロール幅方向の各部寸法①, ③, ⑤, ⑦, ⑨を下記のように求める．

① $21.77\cos 63° = 9.883$ mm　　③ $100-66.15-① = 23.967$ mm
⑤ $22.23\cos 63° = 10.092$ mm
⑦ $(175-161.114)/2\tan(63-36)° = 13.626$ mm，式中の175は⑧の直径に175を与えたものである．また，116.114 mmは次の節に示す⑥の値である．
⑨ $100-67.13-⑤-⑦ = 9.152$ mm

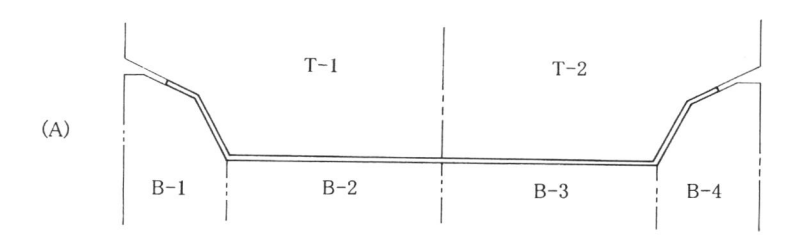

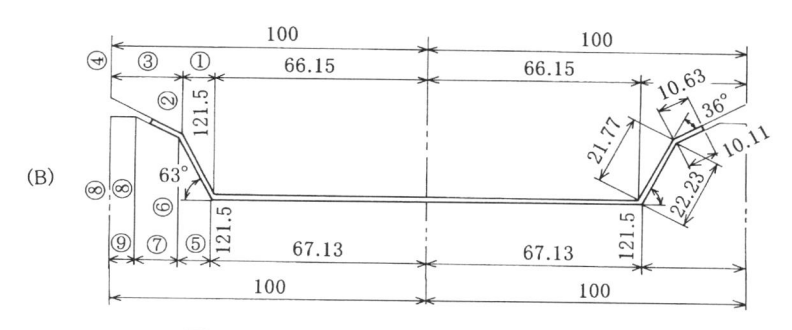

図5-5　第4段成形ロールのロール詳細寸法の計算

5-3-2 ロール直径の決定

図 5-5(B) の上ロール,下ロールに記したロール外径 121.5mm は,第 4 段目のロールパスライン直径である.本ロール外径 121.5mm は,第 1 段目を 120.0mm にとって,これ以降を 0.5 mm づつ増大させたことによる値である.

前記 5-3-1 のように第 1 段から第 6 段までの上,下ロールの回転比率は 1:1 にとっているため上,下ロールのパスライン直径は同じである.第 7 段目以降は回転比率を 0.5 にとっているため,第 7 段目の下ロールのパスライン直径は 123 mm,上ロールのパスライン径は 246mm となる.これ以降の各段のパスライン径は,下ロール側では 0.5 mm づつ,上ロール側では 1 mm づつを増大した値となる.

図 5-5(B) のロール外径②,④,⑥,⑧は次のように求める.

② $121.5 - 2 \times 21.77 \sin 63° = 82.706$ mm
④ $② - 2 \times ③ \tan(63-36)° = 58.282$ mm
⑥ $121.5 + 2 \times 22.23 \sin 63° = 161.114$ mm
⑧ 175.00 mm とする

本設計では,上下ロールを強制駆動にしているが,本断面のような薄板材ではその必要は無く,上ロールフリー(無駆動)で良い.なお,板厚が 2.3mm 以上のときに上ロールをフリーにすると,板の変形抵抗力で材料送りが不可能になったり,材料送り速度が変動したりすることがあるため,上・下ロールを強制駆動にする必要がある.

5-4　精度対策用のロール

図 5-4 の第 11 段目以降のC形成形では,断面曲げコーナ部分に上ロールが当たらない,いわゆるブラインドコーナを生じる.ブラインドコーナのままで成形を行うと曲げ角部の寸法が仕様通りにならないことがある.本節では,ブラインドコーナ対策として図 5-4, No.11 に示すような逆曲げロールを用いた.本ロールの設計は次のようである.

第4章,図4-5のように$\theta=20°$(0.348ラヂアン)の角度に逆曲げするときには,逆曲げの曲げ半径ρと曲げ角度θは,式5-4の関係にある.

$$\rho\,\theta = 29.5 \qquad (5\text{-}4)$$

式中の値29.5は,表5-2の第11段(i=11)のB_9の値である.これより,逆曲げの半径は$\rho=84.55$mmを得る.なお,θを20°よりも大きくとると断面ウェブ部分が円弧状になり断面はより開くことになる.これはコーナ部をシャープにするほか,曲げ角度精度を上げるには有効であるが,断面のコーナ部分が断面内側に入ることになるためウェブ幅の寸法が設計通りに成形されないことがある.特に成形速度を上げるとこの傾向は顕著になるため,過度の逆曲げは避けるべきである.

また,第12段から第14段では,第4章,図4-6に示すように,フランジを上側から押すサイジングロールを用いてコーナアールの精度出しを助けるのが良い.さらに,最終段の前段に93°のオーバーベンドロールを設置してスプリングバック対策と切口変形対策を行っている.

第6章

各種形状欠陥に対するロール調整法

　冷間ロール成形で生じる形状欠陥は，断面の形状と密接に関係している．たとえば，非対称断面材では，ねじれ，曲がり，長手方向そりを，広幅断面材では，ポケットウエーブ，縁波，割れ，腰折れなどの変形を生じやすい．また，断面形状によらず断面を切断したときには切断口の近傍が変形する．

　近年，これらの形状欠陥に対する原因究明の研究から形状欠陥の発生機構と除去対策，および，ロール調整方法などがしだいに明らかになってきた．

　本章は，著者の「冷間ロール成形機の加工精度向上に関する研究」[34)〜39)]の実験で明らかになった代表的形状欠陥のいくつかについて記している．

6-1　長手方向そり

6-1-1　長手方向そりとロールパススケジュール

　ロール曲げ角度 θ が $\theta=15°$，$30°$，$45°$，$60°$，$75°$，$85°$，および，$90°$である7段のロールを用いて，最終曲げ角度が $90°$ である対称溝形断面を4段成形から7段成形までの42種類のロールパススケジュールで成形した．

　対称溝形断面の形状，および，これを成形する成形ロールの形状と寸法はそれぞれ図6-1, 図6-2のようである．図6-3は，ロールクリアランスを板厚(0.8mm)にとって，図6-1の対称溝形断面を成形したときに生じた製品長手方向のそり曲率半

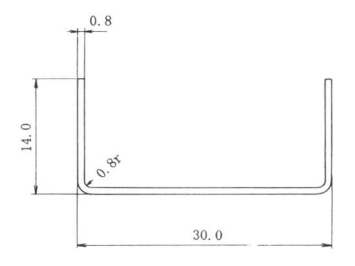

図6-1　対称溝形断面の形状と寸法

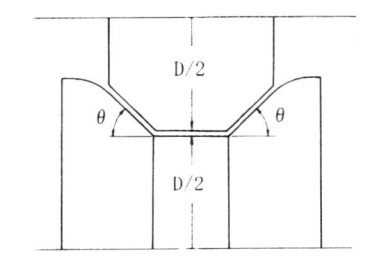

θ°	D(mm)
15	135.0
30	135.5
45	136.0
60	136.5
75	137.0
85	137.5
90	138.0

図 6-2　溝形断面成形用ロールの形状と寸法

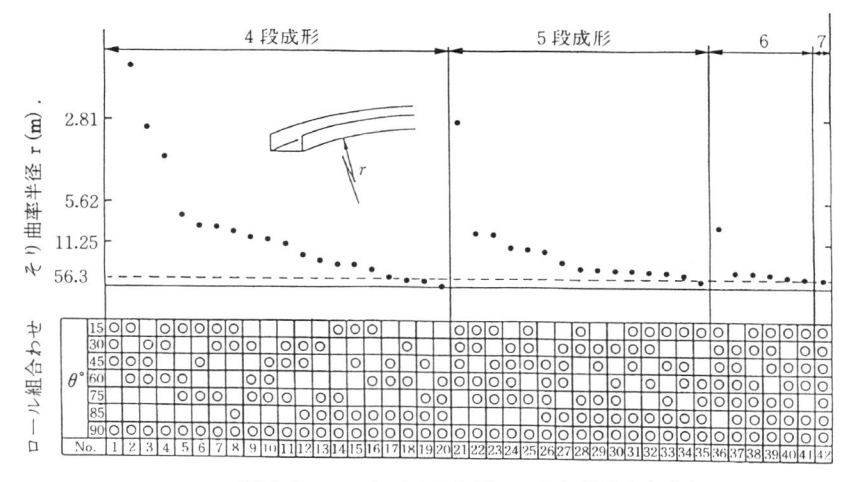

図 6-3　ロールパススケジュールと長手方向そり

径 r を成形段数ごとに大きい順から並べたものである．なお，図 6-3 の白丸印は使用ロールを示している．図から次のことが分かる．

1) 成形段数が少ない 4 段成形の場合でもロールパススケジュールによっては，製品長手方向そりは少なくなる．
2) 1)とは逆に，成形段数が多い 5〜6 段成形の場合でもロールパススケジュールによっては，製品長手方向そりは大きくなる．
3) 成形段数の多い方が成形段数の少ない場合より，ロールパススケジュールの変化による長手方向そりの変動は少ない．
4) 成形段数によらず，ロール曲げ角度増分が成形中段部において大きく，

第 6 章　各種形状欠陥に対するロール調整法

後段部で小さいときには長手方向そりは少なくなる．
5) 成形前段部のロール曲げ角度増分が大であると，材料のロールかみこみが悪くなる．極端な場合であるロールパススケジュール No.1 は成形不可能である．

　本実験から，成形前段部と後段部のロール曲げ角度増分を少なくして，中段部の曲げ角度増分を大きくとる，いわゆる，成形の前段・後段を丁寧，中段を粗いロール曲げ角度配分にしたロールパススケジュールは，そりの少ない製品が得られることがわかった．本実験結果は，第 3 章で示したロール曲げ角度配分公式を導く根拠になっている．

6-1-2　長手方向そりの発生

　上記の溝形断面が鞍形にそるのは，フランジ部とウェブ部における長手方向膜ひずみのアンバランスによって生じるというのが定説になっている．図 6-4 は，$15°\to 30°\to 45°$ の 3 段タンデム成形におけるフランジ部とウェブ部における長手方向膜ひずみと長手方向曲げひずみ（脚注 6-1）の推移を示している．図 6-4 の上側の

図 6-4　対称溝形断面のひずみ推移

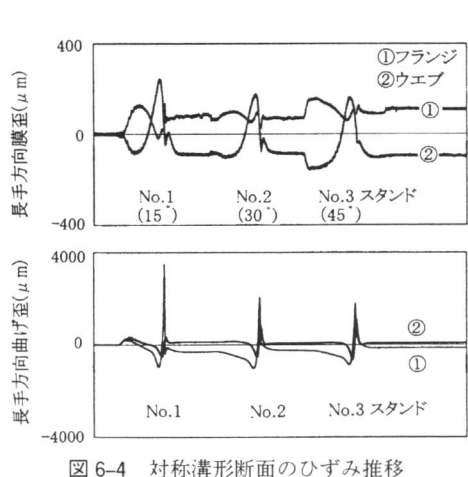

図は，そりに関係する膜ひずみの推移を示している．図はフランジ部の長手方向膜ひずみ①は伸びであるのに対して，ウエブ部②は収縮している．ウエブ部が収縮するのは，フランジ部の曲げ起こしで生じる伸びによるものである．このようにウェブ部が収縮して，フランジ部は伸びの膜ひずみであることから，溝形断面はフランジの下側に曲げの中立軸をもつ鞍型のそり形状になると考えられる．下側の図は，長手方向曲げひずみの推移を示している．

いずれのスタンドにおいても，材料はロール軸芯直下の直前から強い曲げ，曲げ戻しを受けてロールに進入している．

> **脚注 6-1** 膜ひずみとは，板の表裏に貼付したひずみゲージの値 ε_1，ε_2 の平均値 $(\varepsilon_1+\varepsilon_2)/2$ であり，この値が正のときは，板が伸びていることを，負は収縮していることを表す．また，曲げひずみとは $(\varepsilon_1-\varepsilon_2)/2$ で定義される値であり，これの正・負は，板が曲げ，曲げ戻しを受けていることを表す．

6-1-3 長手方向そりの除去
（ i ）出口矯正機による矯正
　冷間ロール成形機の出口に設置される本装置は，最終段ロールから出てきた製品に上側，または，下側への力を加えるためのものである．この操作によって製品には曲げモーメントが付加され，上，または，下向きの長手方向そりが除去できる．冷間ロール成形機には，通常これが取り付けられている．

（ ii ）ロール圧下調整による矯正
　ロール圧下調整によるそりの矯正とは，ロールクリアランス(隙間)を板厚よりも狭くしてウェブ部分を軽圧延する方法での矯正である．具体的には，ロール圧下調整によって生じるウェブ部の長手方向伸びひずみと，フランジ部分に生じている長手方向伸びひずみとをバランスさせることによってそりを除去する．

　ロール圧下調整でそりを除去する際には，最終段のロール1段で行うよりも，最終段とその2～3段前のロールを用いた複数段で行うのが良い．これは最終段だけのロール調整では，コイルからの後方張力や，運転時の ON, OFF などの外乱が急に加わったときにロール圧下調整のセットが変動する恐れがあるからである．

　図 6-5 は，ロール圧下調整におけるそりの除去効果を表している．図 6-5 は，7段成形(ロールパススケジュール No.42)と6段成形(No.36, No.39)の各場合におけるロール圧下力と最終製品のそり曲率半径を示している．No.36

第6章 各種形状欠陥に対するロール調整法

は，板厚(0.8 mm)のロールクリアランスを 0.7mm に設定したとき，最終製品のそり曲率半径は 26.8m から 51.1m に変化したことを示している．このときの成形力は，図示の白丸印から黒丸印のように増える．なお，そりの矯正にはロール圧下調整と前記の出口矯正機とを併用するのが普通であるが，図はロール圧下調整単独の結果を示している．

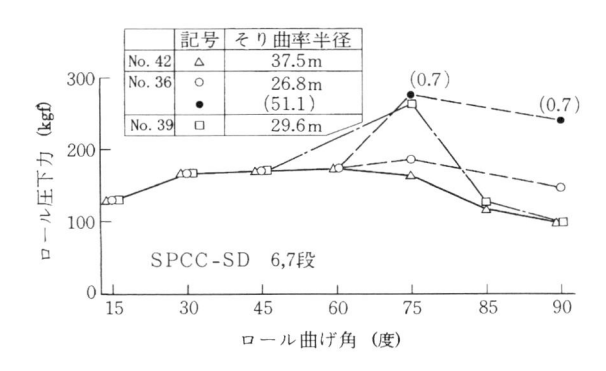

記号	そり曲率半径
No. 42	△	37.5m
No. 36	○	26.8m
	●	(51.1)
No. 39	□	29.6m

図 6-5 ロール圧下力とそり矯正

6-2 曲がり

6-2-1 非対称溝形断面の曲がり

図 6-1 の対称溝形断面材を図 6-3 の 7 段ロール(No.42)で成形したときに，そり，曲がり，ねじれのない真直な製品が得られることを確認してから，こ

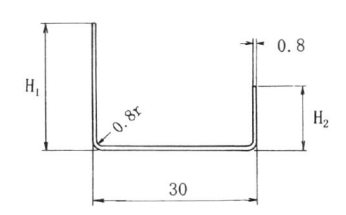

H_1	H_2
18	18
21	15
24	12
27	9
30	6

図 6-6 各種非対称溝形断面の形状と寸法

のパススケジュール(No.42)で図 6-6 に示す左右のフランジ高さが[21mm と 15mm]，[24mm と 12mm]，[27mm と 9mm]，および，[30mm と 6mm]である 4 種類の非対称溝形断面材を成形した．この結果，すべての非対称溝形断面材は，

曲がり，ねじれ，および，長手方向そりの変形を生じた．本節は，曲がり変形について説明する．まず，曲がりの測定は次のように行った．

成形された非対称溝形断面材のウェブ中央に300mm間隔で3本の製品長手方向のけがき線を引いた．この後，図 6-7 のように断面材の右側を片もち支持にしてから細い銅線を上記のけがき線にあわせてスパン 600mm で張った．非対称溝形断面が曲がっていればスパン中央におけるけがき線と銅線の間にすきまができる．このすきまを，ミクロン高さ深さ測定器（三次元測定器）で測り曲がり曲率を算出した．

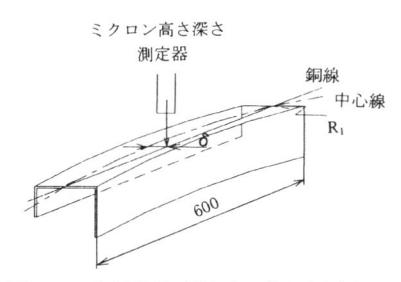

図 6-7　非対称溝形断面の曲がり測定

図 6-8 は，各種非対称溝形断面材の曲がり曲率 ρ_1 と，断面の左右フランジ高さ比で定義した非対称率 γ との関係を表している．図示のように非対称率が大きい断面材ほど曲がり変形は大きくなる．また，断面材の曲がる方向は，フランジの高い側が曲がりの内側になる方向に曲がる．

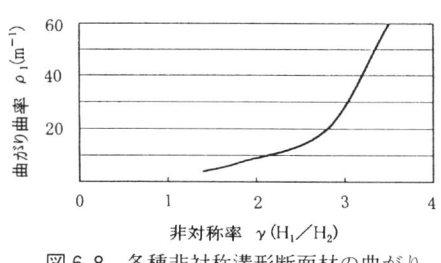

図 6-8　各種非対称溝形断面材の曲がり

6-2-2　曲がりの発生

上記の非対称溝形断面材をロール成形すると，フランジの高い側が曲がりの内側になる曲がり変形を生じるが，このような曲がり変形を生じる機構を明らかにするために，[24mmと12mm]の非対称溝形断面を1段で30°に成形する実験を行い，そのときのウェブ部とフランジ部の長手方向膜ひずみ推移について調べた．図 6-9 (A)，(B)は，このときの長手方向膜ひずみ推移を示している．まず，(A)は，ウェブ部左右における長手方向膜ひずみを示している．図中の①は，フランジの高い側の，②はフランジの低い側におけるウェブ部の値である．①は大

第6章　各種形状欠陥に対するロール調整法

きく収縮(-)しているのに対して，②は若干，伸び(+)となっている．(B)の③は，高いフランジ側におけるフランジ先端近傍部の長手方向膜ひずみである．低いフランジ側はゲージ貼付が困難であったため測定していない．なお，①は，(A)と同じウエブ部の結果である(AとBの①は完全に一致していないが，これは，測定誤差である)．図より，低いフランジ側より高いフランジ側のウエブ部が大きく収縮するのは，高いフランジの方が大きく伸びるためと考えられる．A, Bは30°成形であるが，90°タンデム成形ならば，(C)のような膜ひずみ分布になると考えられる．結局，フランジの高い側を曲げの内側となる曲がりを生じるのは，高いフランジ側のウエブが低いフランジ側のウエブよりも多く収縮するためであると言える．

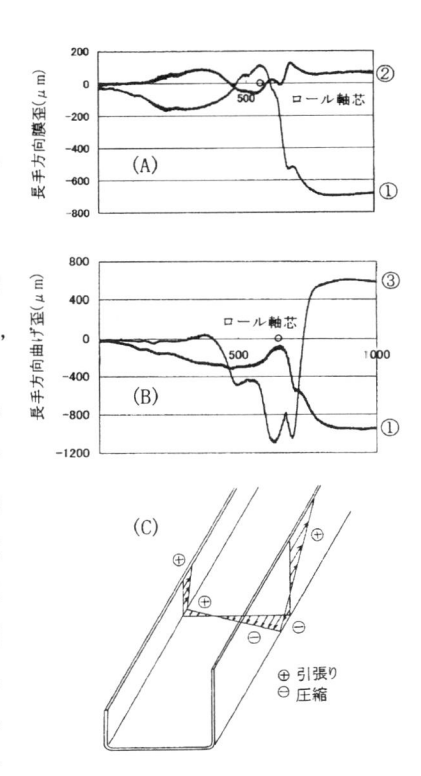

図6-9　長手方向膜ひずみの分布

6-2-3　曲がりの除去
(i)　ロール圧下調整による矯正

　曲がりを取り除くには，上記に示す曲がりの発生機構からウェブ部左右における長手方向膜ひずみのアンバランスを解消すればよいことになる．具体的には，収縮している側のウェブ部を軽圧延(片圧下)して，この部分に伸びひずみを与えるロール圧下調整を行えば良い．しかし，片圧下のロール調整は微妙であり熟練を要する．

(ii)　回転スタンドとロールシム調整の併用による矯正

図6-10は，曲がりやねじれを除去するために製作した回転スタンドである．本回転スタンドは，材料進行方向を軸として，通常の成形スタンドを上下ロールの接触点を軸中心にしてスタンド被動，駆動側方向に傾けることができる回転可能な成形機である．この回転スタンドに，85°ロールを組み込み，最終段(90°)の前段に設置した．本回転スタンドは，成形中の製品にねじりを与え，最終段の水平ロールでねじりを戻すようになっている．また，最終段のロールは，軸方向に多少移動できるロールシム調整も行っている．

図6-11は，[24:12] mm の非対称溝形断面材を回転スタンド調整と90°ロールのロールシム調整とを併用した場合の曲がりの結果を示しているが，

1) 曲がりは，回転スタンドを製品がねじれる側と同じ方向(図ではプラスの回転角度)に傾けるだけで(T=0)著しく減少する．
2) 回転スタンドを製品のねじれと同方向に傾け，かつ，最終段ロールを製品の曲がる方向とは逆の方向に移動(T<0)する調整を併用すると曲がりは減少するが，T=0 のときほどの矯正効果はない．

などが分かる．本方法が曲がりの矯正に有効であるのは，ウェブ部左右の長手方向膜ひずみのアンバランスが断面材に加えられたねじれによって緩和されたためと解釈している．なお，上記2)は，ねじれと曲がりの両者を除去するのに効果的である．パラメータTはロールシム調整量(シム厚)である．

図6-10 回転スタンド

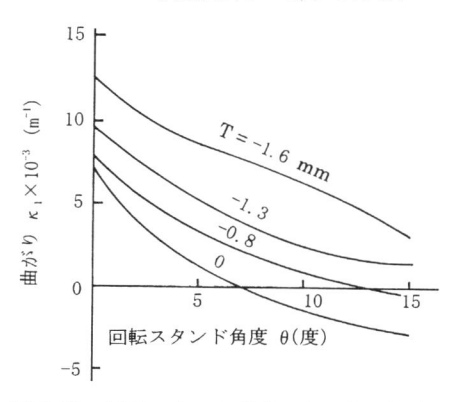

図6-11 回転スタンド成形による曲がり矯正

第6章　各種形状欠陥に対するロール調整法

6-3　ねじれ

6-3-1　断面の非対称率とねじれ

図6-12は，前記の左右フランジ高さが ［21:15］，［24:12］，［27:9］，および，［30:6］mmである非対称溝形断面材を成形したときに生じた製品のねじれϕと各断面の断面二次モーメント主軸の傾き角度θ(度)とを断面材の非対称率γ(H_1/H_2)との関係で示しているが，図からつぎのことが分かる.

1) 製品のねじれϕは，断面材の非対称率γと相関関係がある.
2) 計算上の断面二次モーメント主軸の傾き角度θ(度)は，断面材の非対称率γと相関関係がある.
3) いずれの断面材も，フランジの高い側が持ち上がる方向にねじれる.

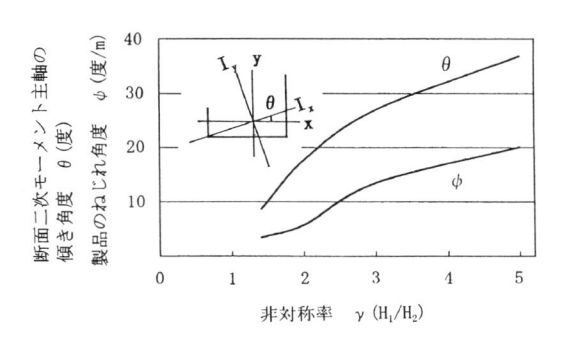

図6-12　各種非対称溝形断面材のねじれと断面二次モーメント

6-3-2　ねじれの発生

非対称溝形断面材は，断面二次モーメント主軸の傾きと同じ方向のねじれ変形を生じる理由は次のようである．ロール成形は，ベンダーやプレスブレーキ成形のように，曲げ部分のみを成形するのではなく，フランジを製品長手方向にねじりながら，かつ，板厚方向に曲げ・曲げ戻しを伴う成形である．このために，フランジの高い側は，低い側よりも大きな曲げモーメントが働くことになる．これが断面全体を上記の方向のねじれを生じさせると考える．

6-3-3 ねじれの除去
(ⅰ) ロールシム調整による矯正

ねじれを矯正するためのロールシム調整の実験は［24：12］mm の非対称溝形断面材で行った．ロールシム調整は最終段のロールをゼロから最大2.5mmまで移動させた．図6-13は製品のねじれとロール移動量との関係を示している．図から次のことが分かる．

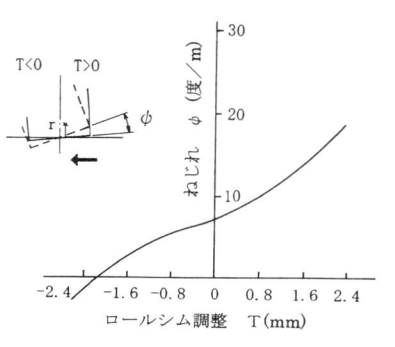

図6-13 ロールシム調整とねじれ

1) 最終段ロールを，図中の矢印方向に移動するとねじれは減少する．
2) 最終段ロールを1)とは逆の方向に移動するとねじれは増大する．

ロールシム調整によってねじれが減少するのは，添付図の矢印方向の力と図心までの距離 r との積による図心回りのモーメントが断面のねじれ方向と逆であるためにねじれが矯正されると考える．

(ⅱ) 回転スタンドとロールシム調整併用による矯正

回転スタンドとロールシム調整を併用した場合のねじれ矯正について調べた．この実験は，まず，回転スタンドに85°ロールを組み込み，これを断面のねじれる側に傾けて最終段の90°ロールで断面を水平に戻している．なお，最終段ロールではロールシム調整も行っている．

図6-14は，［24：12］mmの非対称溝形断面材をこのような条件で成形したときの断面のねじれϕを示している．なお，図中のパラメータ T はロール移動量(シム厚)である．図から次のことが分かる．
1) 回転スタンドを傾けるだけで(T=0)捩れをゼロにすることができる．
2) ロールシム調整を併用すると 少ない回転スタンドの傾けでねじれをゼロにできる．

回転スタンドとロールシム調整とを併用する方法がねじれの矯正に有効で

第6章　各種形状欠陥に対するロール調整法　　　　　　　　　　69

ある理由は明らかでないが，フランジ部やウェブ部内における応力分布の形態が，この操作で変化したことが影響していると考える．

(ⅲ)　オーバーベンドロール成形による矯正

図6-15は，オーバーベンドロール成形によるねじれの矯正を示している．図は，最終段の前段にそれぞれ曲げ角度が92°，94°，96°であるオーバーベンドロールを設置して[21:15]，[24:12]，[27:9]，および，[30:6] mm の非対称溝形断面材を成形したときのねじれ矯正効果を示している．

図示のように，非対称性の大きい断面ほど，ねじれの矯正効果が強く現れている．これは明らかにオーバーベンドロール成形が捩れの矯正に有効であるといえる．オーバーベンドロール成形がねじれの矯正に有効であるのは，オーバーベンドロールまでの断面を曲げ起こす成形で生じる成形モーメントは，最終段の90°で曲げ戻す成形で生じる成形モーメントとは逆方向であるために両者は相殺し合うことになる．このためにねじれが減少すると考える．

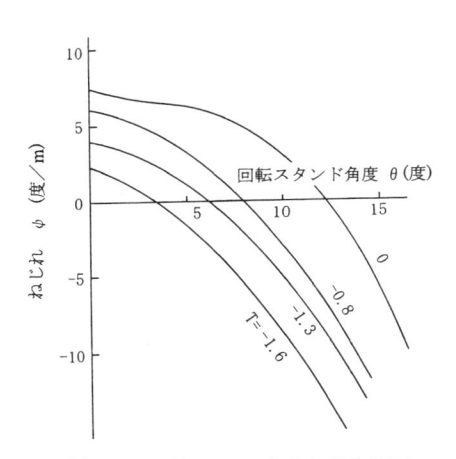

図6-14　回転スタンドとねじれ矯正

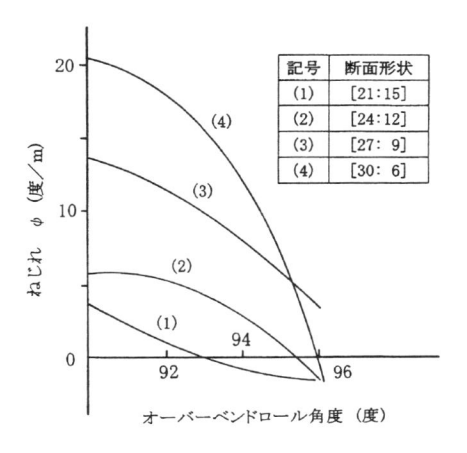

記号	断面形状
(1)	[21:15]
(2)	[24:12]
(3)	[27: 9]
(4)	[30: 6]

図6-15　オーバーベンドロール成形

6-4 ねじれ，曲がり，そり複合体

　曲がり，ねじれ，そりをもつ非対称断面材を真直な製品にする矯正方法は，通常，曲がりを除去してから，ねじれ，そりを除去していく．このロール調整は，一見簡単なようであるが実際は容易でない．それは，曲がり変形を取り除いてから，次に，ねじれ変形を除去する調整を行っていると，消去した曲がり変形が再び現れるという，まさに"もぐらたたき"の状態が続くからである．結論的には，じみちに変形を除去していくしか手はない．

　本節は，[24:12] mm の非対称溝形断面材を真直な製品にする矯正方法を前記の図を用いて説明する．まず，ねじれをゼロにするときのロールシム厚Tと回転スタンド角度θの値を図6-14からもとめる．これらの値をロールシム厚Tと回転スタンド角度θとを両軸とする座標にプロットして図6-16(A)のような図を作る．

　次に，再び図6-14のねじれをゼロにするときのロールシム厚Tと回転スタンド角度θの各値を図6-11に対応させて，これらの値に対する曲がりの値を求める．そして，この値を，ロールシム厚Tと曲がり曲率κ_1を両軸とする座標図にプロットして図6-16(B)を作る．

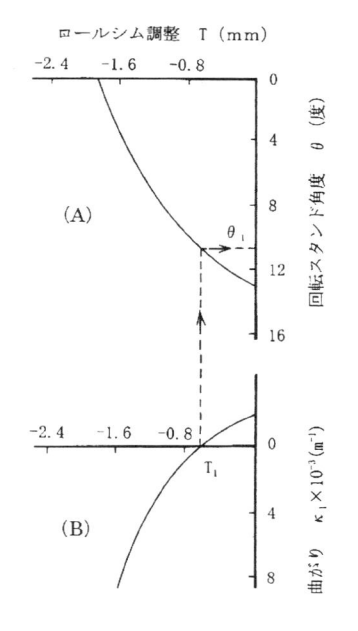

図6-16　曲がり，そり，および，捩れの除去

　結局，図6-16(B)から，曲がりがゼロになる時のロールシム厚T_1を得る．そして，更に，図中の破線のようにたどれば，ねじれをゼロにするときの回転スタンドの傾け角度θ_1を求めることができる．このようにして得られたロールシム調整，および，回転スタンドの傾け角度にスタンドをセットして

成形すると曲がりとねじれのない製品を得ることができる．最後に，そりを除去するために，ロール圧下調整，あるいは出口矯正機で調整を行う．ここで，再び，曲がり，ねじれを生じるが，これは少量であるため比較的簡単に除去できる．結局，[24：12] mm の非対称溝形断面材はシム厚＝-0.7mm，回転スタンド角度 $\theta = 10.4°$，圧下力 P ＝680kgf に設定すると真直な製品を得ることができる．

図6-17 ポケットウエーブ

6-5 ポケットウエーブ

薄板広幅断面材を成形すると，断面中央の平らな部分に図6-17に示すような凹凸状の膨らみを生じることがある．このような変形をポケットウエーブ（または，オイルキャン）とよんでいる．ポケットウエーブは，本材が人目につく外壁部材，屋根部材などに使用されたときに美的観点から問題にされる．

6-5-1 ポケットウエーブとロールパススケジュール

図6-18に示すように高さが一定(10mm)である2つの溝を断面の両端にもつ

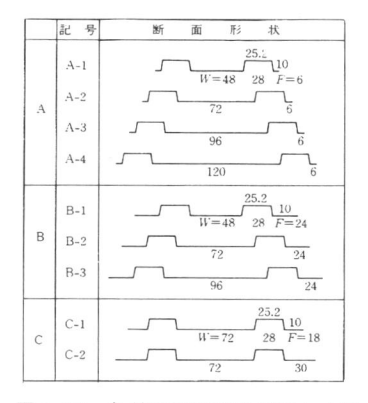

図6-18 各種広幅断面の形状と寸法　　図6-19 冷間ロール成形機

9種類の広幅断面材(板厚0.5mm, 材質はSPCC材)を成形した. 図6-19は実験に使用した10段タンデム冷間ロール成形機である. 使用した成形ロールは図6-19のように最終段ロールのみは通常のロールであるが, これ以外は単純な円筒状ロールである. 板の曲げ角度 (10°, 20°, 30°, 40°, 50°, 60°, 70°, 75°, 82°および80°) の設定は, 円筒状のロールの間にいれたスペーサの厚さを変えることによって行った. 広幅断面材の成形ロールは板の曲げ部分のみをロールで拘束する方式が一般的であるために, 本ロール設計もこれに従った. 表6-1はこれらのロールを組み合わせて作った18種類のロールパススケジュールである. ポケットウエーブ量は, 図6-20に示すように製品1m当たりに発生する波の高さの総和 $H_p = \Sigma h_i$ (mm/m)で定義した値で評価した. 図6-21は図6-18の［A-1］〜［A-4］断面を表6-1のロールパススケジュールで成形したときに生じたポケットウエーブ量を示している. 図から次のことが分かる.

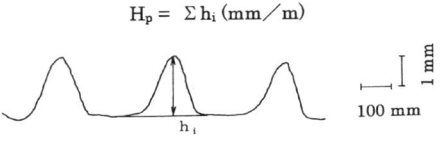

図6-20 ポケットウエーブの評価

1) 厳しい幅寄せがあるロールパススケジュール(No.11〜No.18)と, 幅寄せの少ない場合(No.1〜No.10)とでは, 格段の差がある.
2) 幅寄せが少ないロールパススケジュール(No.1〜10)で成形された製品のポケットウエーブ量は, ウェブ幅の広い断面ほどの多く発生する.
3) ウェブ幅が狭い［A-1］断面ではポケットウエーブ量はわずかであり, 肉眼では観察できない.

表6-1 広幅断面成形用ロールパススケジュール

No.	1	2	3	4	5	6	7	8	9	10	11	12	13	14	15	16	17	18
10°	○	○	○	○	○	○	○	○	○	○	○	○	○	○	○	○	○	○
20°	○	○	○	○	○	○	○	○	○	○		○	○	○	○	○	○	○
30°	○	○	○	○	○	○	○	○	○			○	○	○	○	○	○	○
40°	○	○	○	○	○	○	○	○				○	○	○	○	○	○	○
50°	○	○	○	○	○	○	○						○	○	○	○	○	○
60°	○	○	○	○	○	○								○	○	○	○	○
70°	○	○	○	○	○										○	○	○	○
75°	○	○	○	○												○	○	○
82°	○	○	○														○	○
80°	○	○																○

第6章　各種形状欠陥に対するロール調整法

6-5-2　ポケットウエーブの発生

図6-22は，ウェブ幅が同じでフランジ幅のみが異なる[A-2]，[C-1]，[C-2]断面を上記の18種類のロールパススケジュールで成形したときに生じたポケットウエーブ量と長手方向圧縮縦ひずみ（脚注6-2）との関係を示している．

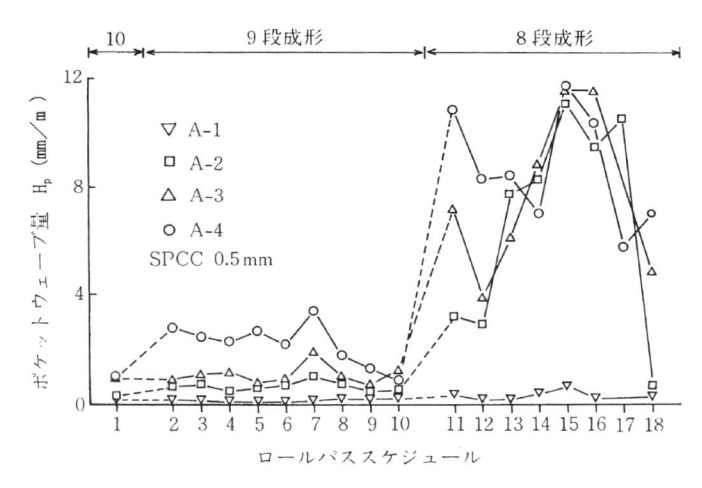

図6-21　各種広幅断面材のポケットウエーブとロールパススケジュール

図示のように両者は比例的関係にあることから，ポケットウエーブは断面が長手方向に収縮したために生じたと断定できる．なお，ポケットウエーブは，長手方向圧縮ひずみの値が-0.2×10^{-3}以下のものは，肉眼では観察されなかった．また，金切りばさみで断面材の両側にある溝を切り離したところ，ポケットウエーブは消えた．このことからポケットウエーブは弾

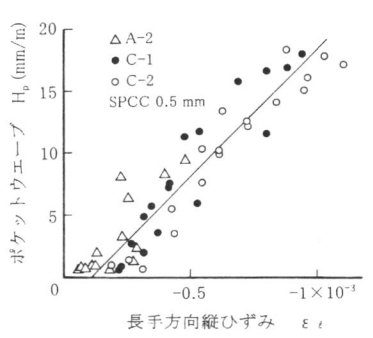

図6-22　ポケットウエーブ量と製品長手方向圧縮ひずみ

性変形であると言える．広幅断面材を成形すると製品が長手方向に収縮する理由は次のように考えられる．フランジを板幅方向に大きく寄せるロール組

み合わせでの成形は設計通りに板を寄せることができない．このような場合には，寄せきらない断面曲げ角部がロールエッジで押し潰されてしまう．この押し潰しは，断面の斜辺部分を幅方向に強く引っ張ることになる．この引っ張りが，製品長手方向の収縮を生むものと考える．

6-5-3 ポケットウエーブの除去

ポケットウエーブの発生機構から，ポケットウエーブの対策としては成形中の帯板に製品長手方向の張力を働かせて，帯板が長手方向に収縮するのを抑えれば良いと考えられる．この考えをロール成形機に織り込んだのが，図6-19の冷間ロール成形機である．本装置は，成形機の駆動ラインシャフトを任意の位置で切り離して，それぞれを独立に駆動する2台のモータ①，②を取り付けている．帯板への張力付加は，入り口側モータ①よりも，出口側モータ②の回転数を高める方法をとった．ここで，問題になることは，ポケットウエーブの発生を押えるのに，どの位置から帯板に張力を付加すれば良いか，すなわち，ラインシャフトの最適切り離し位置の決定である．図6-23は，ラインシャフトの切り離し位置を(a)，(b)，(c)の3種類にとったとき，ポケットウエーブ量がどのように変わるかを調べたものである．

(a)は，最終段ロールとその前段のロールスタンド間でラインシャフトを切り離した場合であり，(b)は幅寄せが最大となるロールスタンド(70°)とその次のロールスタンド(75°)間で切り離した場合である．(c)は，(b)とは

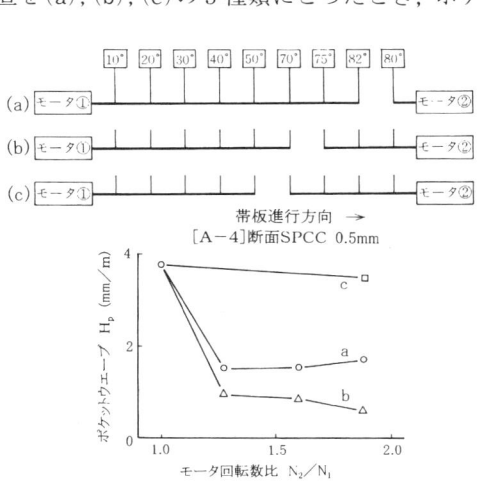

図6-23 ポケットウエーブ除去のロール成形法

第6章 各種形状欠陥に対するロール調整法

逆に，幅寄せが最大となるロールスタンド(70°)とその前のロールスタンド(50°)間で切り離した場合を示している．実験の結果，(b)が最もポケットウエーブを減少することがわかった．

この理由は次のように考えられる．(b)は，幅寄せが最大となる直後で板材に張力を付加しているために，製品の長手方向収縮が妨げられたためと考えられる．(a)は，すでに収縮した製品に対して張力を付加する場合であるが，この場合も，ある程度はポケットウエーブの減少が計れることを示している．(c)はほとんど効果が無い．これは，最も収縮を生じる以前で板材に張力を付加しているためと考えられる．本除去方法は，ポケットウエーブの大きさによるが，図のように $H_p = 4$ mm／m程度の製品に対しては，(b)の方法で可能である．上記とは別に，成形機の入り口側で帯板を木材で押さえ込み，帯板の送りにブレーキをかける応急措置的方法もある．これは，ポケットウエーブが小さいときに有効である．

脚注 6-2 ひずみゲージを用いないで求める方法である．まず，成形する素板から長さ 1m の切り板を作る．これを図(a)のように成形する板に重ね合わせて，切り板長さ間隔のけがき線二本を引く．次に，けがき線を引いた板を成形した後に，けがき線の間隔がどの程度変化したかを調べるが，これには，この切り板をスケールとして用いる．すなわち，図(b)のように，一方のけがき線を切り板端に合わせたとき，もう一方のけがき線と切り板端との間にできたすきま δ を顕微鏡でよみとる．そして，この δ をスケールとして用いた切り板の長さで除した値を長手方向縦ひずみとしている．

(a) 成形前
けがき線　　　けがき線
(b) 成形後
δ

6-6 縁波

　広幅断面材の形状には，断面内側に平らの部分を持つ前記の場合と，本節に示す断面縁側に平らの部分を持つ場合とがある．このような断面材を成形すると，前者はポケットウエーブを，後者は，図6-24に示すような縁波（または，エッジウエーブ）とよばれる形状欠陥を平らな部分に生じる．

6-6-1　ロールパススケジュールと縁波

　図6-25に示す4種類の広幅断面［D-1］～［D-4］を表6-2のロールパススケジュールで成形した．図6-26は，このときの板縁に生じた縁波量とロール組み合わせとの関係を示している．図から，次のことが分かる．

1) フランジ幅が広い［D-2］,［D-3］,［D-4］断面では，縁波の発生が著しい．
2) フランジ幅が狭い［D-1］断面では，肉眼で観察できない程である．
3) 成形前段から中段にかけて厳しい幅寄せ成形は大きな縁波を生じる．
4) オーバーベンドロールを用いるNO.1～No.9の実験結果はオーバーベンドロールを用いないNo.10およびNO.18～No.27の結果と同様である．

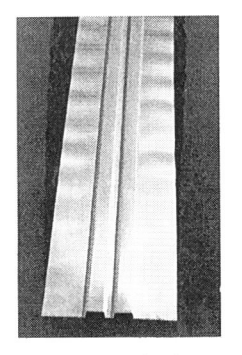

図6-24　縁波

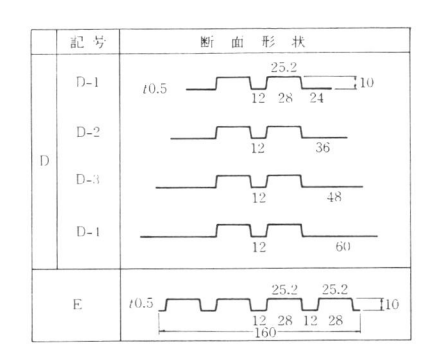

図6-25　各種広幅断面の形状と寸法

6-6-2　縁波の発生

　図6-27は，［D］断面材の溝部の長手方向縦ひずみ（圧縮）と縁波量との関係

第6章 各種形状欠陥に対するロール調整法

を示している．[D-2]，[D-3]，[D-4] 断面材では，長手方向圧縮ひずみが 4×10^{-4} 以上になると縁波量が比例的に増加しているのに対して，[D-1] 断面材は，圧縮ひずみが大きい場合でも縁波量は微小である．

表 6-2 縁波，および，ひねれの実験用ロールパススケジュール

No.	1	2	3	4	5	6	7	8	9	10	11	12	13	14	15	16	17	18	21	22	23	24	25	26	27
10°	O	O	O	O	O	O	O	O	O	O	O	O	O	O	O	O	O	O	O	O	O	O	O	O	O
20°		O	O	O	O	O	O	O	O	O	O	O	O	O	O	O	O	O	O	O	O	O	O	O	O
30°			O	O	O	O	O	O	O	O	O	O	O	O	O	O	O	O	O	O	O	O	O	O	O
40°				O	O	O	O	O	O	O	O	O	O	O	O	O	O	O	O	O	O	O	O	O	O
50°					O	O	O	O	O	O	O	O	O	O	O	O	O	O	O	O	O	O	O	O	O
60°						O	O	O	O	O	O	O	O	O	O	O	O	O	O	O	O	O	O	O	O
70°							O	O	O	O	O	O	O	O	O	O	O	O	O	O	O	O	O	O	O
75°								O	O	O	O	O	O	O	O	O	O	O	O	O	O	O	O	O	O
82°									O	O	O	O	O	O	O	O	O	O	O	O	O	O	O	O	O
80°										O	O	O	O	O	O	O	O	O	O	O	O	O	O	O	O

これは，ポケットウエーブの場合は，圧縮ひずみとポケットウエーブ量とが完全に比例するのとは明らかに異なっている．そこで，縁波の発生機構を考察すると，次の二つが考えられる．一つは，ポケットウエーブの発生原因と同じく，溝角部が板幅方向に伸びるために長手方向に縮みを生じ，これに付随して，フランジ部の材料も長手方向に圧縮されて座屈を生じるという考えである．

もう一つは，幅寄せの成形過程が図 6-28 の折り紙模型のように，フランジの縁部の材料が一旦引っ張りとせん断を受けて伸ばされた後に，再び，圧縮

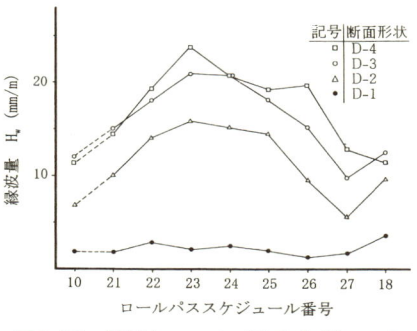

図 6-26 縁波とロールパススケジュール

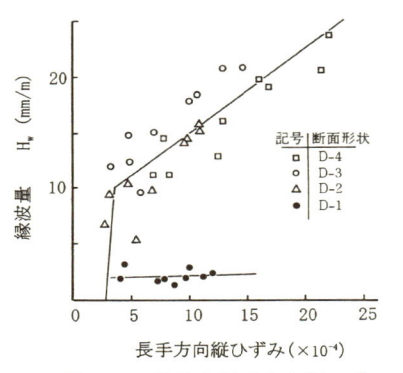

図 6-27 縁波と長手方向縦ひずみ

とせん断受けて縮むために座屈を生じるという考えである．フランジ幅が広くなると，いずれの発生原因を考えても，縁波は発生し易くなるから，縁波は両者が複合して生じたものと考える．

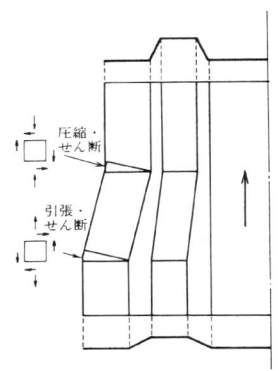

図 6-28 フランジ部の折り紙模型

6-6-3 縁波の発生限界

板厚 0.5mm の冷間圧延鋼板における縁波発生限界を，フランジ幅(F)と板厚(t)の比(F/t)，および，ウェブ幅(W)と板厚(t)の比(W/t)で整理して，次の実験公式を得ている．

$$\frac{F}{t} = -0.042\left(\frac{W}{t}\right) + 41 \qquad (6\text{-}1)$$

なお，同じ材料でポケットウエーブの発生限界を求めたのが次の実験公式である．

$$\frac{F}{t} = \frac{250}{W/t - 88} \qquad (6\text{-}2)$$

図 6-29 は，上記の実験公式を併記したものである．図中の①は，ポケットウエーブと縁波の両者を生じない領域である．②は縁波のみを，③はポケットウエーブのみを生じる．④は縁波とポケットウエーブの両者を生じる領域である．

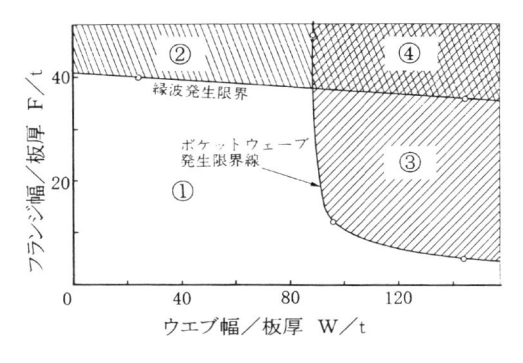

図 6-29　縁波，ポケットウエーブの発生限界線

第6章　各種形状欠陥に対するロール調整法

6-7　腰折れと割れ

　腰折れとは，図6-30に示すように，断面の端部溝上に生じる長手方向に垂直な細かい折れ曲がり状の座屈波のことをいう．これは，あばら波ともいわれている．割れは，図6-31に示すように曲げコーナ部が破断する場合のことをいう．腰折れや割れが生じるロール角度組み合わせは，次ぎのようである．図6-32は，図6-25に示す［E］断面を各種のロール角度組み合わせで成形したときに発生した腰折れと割れを，図示の座標軸のグラフに整理したものである．縦軸には，断面の曲げ角がθ_{i+1}のときの断面二次モーメント，横軸には，曲げ角度が$\theta_i \to \theta_{i+1}$のときの，幅寄せ量をとっている．図中の黒丸印は，腰折れや割れが発生したことを示しており，曲線はこれらの形状欠陥の発生限界である．図示のように，腰折れは，断面剛性が低く，幅寄せ量が大のときに生じやすい．割れは，断面剛性が高く，幅寄せ量が大のときに生じる．これらの形状欠陥は，幅寄せが影響していることから，対策としては成形スタンドの増設や補助ロールの設置を考慮すべきである．

図6-30　腰折れ

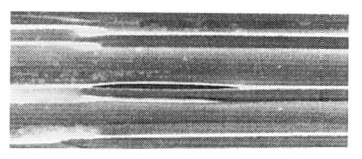

図6-31　割れ

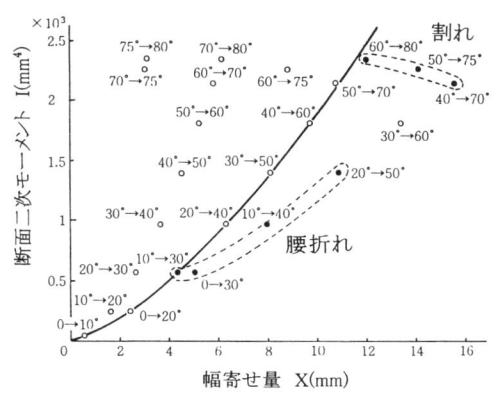

図6-32　腰折れ，割れの発生限界線

6-8 ひねれ

ひねれとは，図6-33に示すようにねじれと似た形状不良であるが，ひねれを戻すために，ひねれと逆方向のトルクを加えると急に弾性的に反対方向のひねれに飛移り変化するものを言う．ひねれは，断面材左右における長手方向縦ひずみのアンバランスによって生じる．これは図6-34から説明できる．図6-34は付図に示すように断面中央溝の長手方向縦ひずみ ε_C と両側の板縁，すなわち，成形機の駆動側および被動側の板縁の長手方向縦ひ

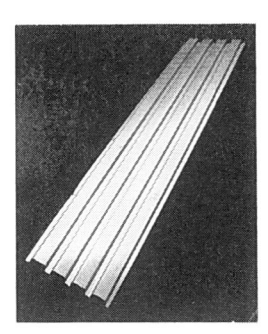

図6-33 ひねれ

ずみ ε_D, ε_W を測定して，ε_D と ε_C との差 $\Delta\varepsilon_D$，および ε_W と ε_C との差 $\Delta\varepsilon_W$ を両軸とする座標にそれぞれのパススケジュールで成形された製品の値を表記したものである．

図の第1象限($\Delta\varepsilon_D>0$、$\Delta\varepsilon_W>0$)の製品は，断面の中央より両縁が伸びている場合を示しており，第2，第4象限は板縁が中央に比べて一方は伸び(+)，一方は収縮(-)している場合を示している．第3象限($\Delta\varepsilon_D<0$、$\Delta\varepsilon_W<0$)は中央より両縁が収縮している場合である．図中の白丸印は，ひねれが無い場合であり，黒丸印は有る場合である．ひねれが起こるのは，断面中央に対して一方の縁は縮んでいるが，もう一方の縁は伸びを生じ，しかも，その伸びが大きい場合(第2象限)にはほぼ全ての場合でひねれが発生する．また，断面の両縁が中央より伸びている時(第1象限)にも発生する．図より，ひねれの発生を避けるには，断面中

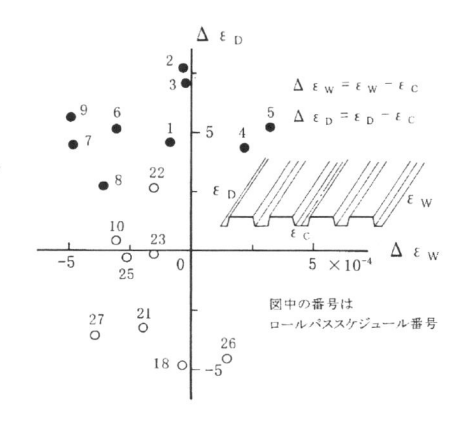

図6-34 ひねれと製品長手方向縦ひずみ

第6章　各種形状欠陥に対するロール調整法

央部が両板縁より伸びるような成形をすれば良いことがわかる．

6-9　切口変形

冷間ロール成形品を切断すると，残留応力の解放によって，切口面近傍が変形を起こし，両切口面が食い違いを生じることがある．この切口変形現象は切断後の製品の溶接や組み立てなどを困難にすることから，この問題解決のための研究が盛んに行われた．

6-9-1　切口変形の発生

図6-35は，溝形断面材、ハット形断面材，および，C形断面材を切断したときの両切断口近傍の変形をあらわしている．溝形断面材では，一方の切口面は断面の内側になるのに対して，もう一方は外側になる．これに対して，ハット形材やC形材では，両切口面とも外側になる．切口変形の状態が断面の形状によって異なるのは，次のモデルで説明できる．

例えば，曲げを働かせた板を切れば，その切口は，図6-36(a)の(1)のように，同じ方向に行く．また，板をねじった状態でこれを切れば，その切口は

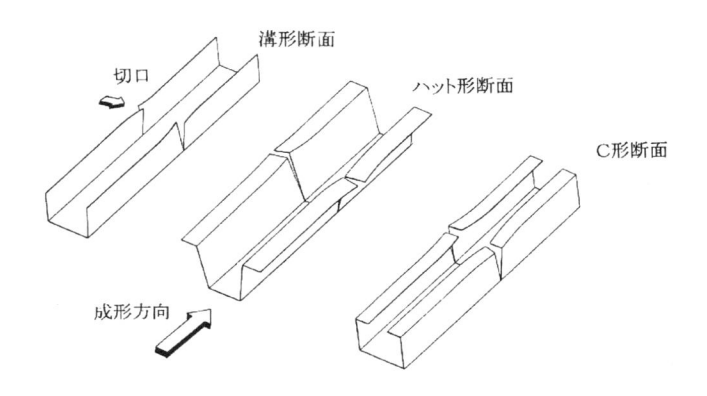

図6-35　溝形断面，ハット形断面，および，C形断面の切断口近傍の変形

(a) 溝形断面　　　　　　　　　　(b) ハット形・C形断面

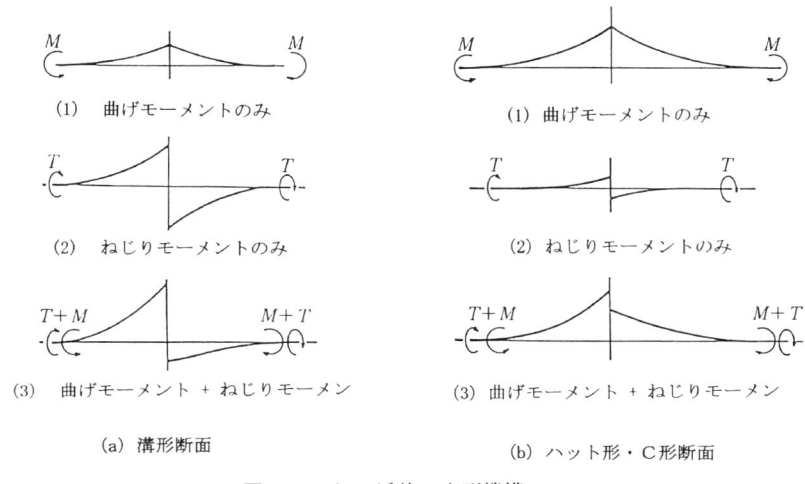

図 6-36　切口近傍の変形機構

(2)のように互いに反対方向に行く．このことから，もしも曲げとねじりが働いている板を切れば，その切口は，上記の(1)と(2)が重合した形で現れると考えられる．これが(3)である．(3)は，図 6-35 に示す溝形断面のフランジ切口と一致している．この理屈より残留曲げモーメントと残留捩じりモーメントが働いているロール成形品を切断すると，これらの残留モーメントが解放されて上記のモデルで変形を生じると考える(脚注 6-3)．

図 6-36(b)は，ねじりよりも曲げの方が勝っている場合の変形モデルである．ハット形断面やC形断面は，リップの幅寄せ成形に大きな曲げモーメントが働く．このことから，図 6-35 の結果は，(b)のモデルで生じていると考えられる．

6-9-2　切口変形の除去

切口変形を除去するには，製品中の残留モーメントを減少させれば良いことが上記の切口変形モデルから推察される．これを実現するには，オーバーベンドロール成形が良い．理由は次ぎのようである．最終段の前段にオーバーベンドロールを設置して最終段ロールで曲げ戻す成形工程にすれば，最終

第6章　各種形状欠陥に対するロール調整法　　　　　　　　　　　　　　　83

段での成形は，第1段目からオーバーベンドロールまでの成形方向と逆方向の成形になるから，ここでのモーメントの方向は前と逆になる．このために，オーバーベンドロールまでに受けた残留モーメントが最終段ロールでの逆向きの残留モーメントと相殺し合うことになり，残留モーメントは減少するという考えである．

　上記とは別の切口変形対策が大型厚肉溝形材などに用いられている．これは，溝形断面のフランジ先端からフランジ根元に向かって強圧下力を加える方法である．この方法が切口変形除去に有効であるのは、強圧下によってフランジ中の残留モーメント分布の形態が変えられたためと考える．

6-9-3　切口変形を除去するオーバーベンドロール角度

　対称溝形断面材，ハット形断面材，C形断面材のそれぞれに対して，両切口面の食い違いを零にするオーバーベンド角度 θ_{opt} を実験から求めている．

　対称溝形断面材では，フランジ高さ(H)と板厚(t)との比(H／t)で整理した結果，6-3で示す実験公式が得られた．

$$\theta_{opt} = \left(0.13\frac{H}{t} + 92.4\right) \pm 0.5 \tag{6-3}$$

ハット形材では，フランジ高さ(H)，板厚(t)，および，リップ幅(F_1)で整理した結果，6-4式で示す実験公式が得られた．

$$\theta_{opt} = \left(0.425\frac{Ht}{F_1} + 80.75\right) \pm 0.5 \tag{6-4}$$

C形断面材では，フランジ高さ(H)，板厚(t)，および，リップ幅(F_2)で整理した結果，6-5式で示す実験公式が得られた．

$$\theta_{opt} = \left(0.8\frac{H}{tF_2} + 92.5\right) \pm 0.5 \tag{6-5}$$

脚注 6-3 左側の断面は通常成形の製品であり，右側は 94°オーバベンドロール成形をおこなった製品である．フランジとウエブを薄い砥石で製品長手方向に切り込みを入れて作った短冊は残留曲げモーメント，残留捩りモーメントが解放されて図示の方向の変形を生じる．オーバベンドロール成形品のフランジは曲げが若干残るものの，捩じれは完全に消えていることが分かる．

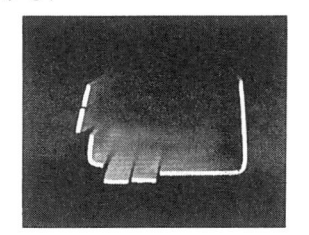

通常成形品 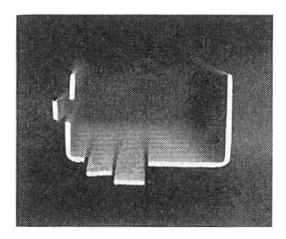　　　　　オーバベンドロール成形品

第 7 章

フレキシブル軽量形鋼のロール調整法

　フレキシブル軽量形鋼の成形はロール自体が位置移動や方向転換などを行いながらの成形である．このような特殊な成形であるために従来の冷間ロール成形法と異なる形状不良やひずみを生じる．フレキシブル軽量形鋼のロール調整法を第 6 章とは独立した章にしたのはこの理由による．

7-1　凹凸フレキシブル溝形鋼の成形

　図 7-1 に示す製品は，帯板の片側が凹凸にレーザ切断されたブランク材板縁を一定フランジ幅に成形したものである．本製品は図 1-8 に示す 4 段フレキシブル冷間ロール成形機械によって成形した．本節は製品の中央ウエッブ部に生じる膨らみ変形の発生原因とその対策について記している．

(1) 実験方法及び測定方法

　本ブランク材は材質 SPCC，長さ 1824 mm，板厚 t = 0.5 mm の磨き鋼板を CO_2 ガスレーザ装置で図 7-2 に示す凹凸の形状に，もう一方の側は直線に切断して製作した．凹凸部の傾斜角度 θ は θ = 5, 10, 15, 20°であり，これらからフランジ幅 F が F = 6.5, 10, 13.5, 17 mm である 16 種の製品を成形した．

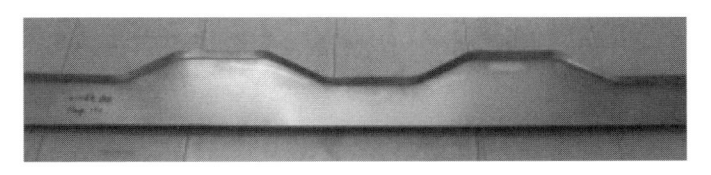

図 7-1　凹凸フレキシブル溝形鋼の製品サンプル

また，実験に先立ち，ブランク材の直線側をプレスブレーキで板幅 10 mm に直角に折り曲げた．この折り曲げ部分を FCRF 機械に平行に設置したガイドバーの溝に通すことによってブランク材が左右にブレないようにした．

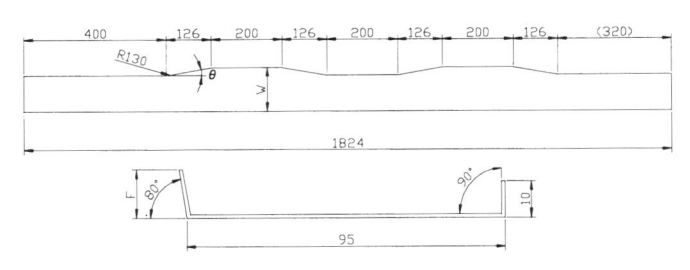

図 7-2 ブランク材の形状と寸法，および断面形状

(2) 実験方法，及び測定方法

各種ブランク材の凹凸側をロール曲げ角度が 20, 40, 60, 80°である 4 段ロールで目標フランジ幅に曲げ成形した．材料の走行速度は 2 m/min である．上下ロール間隔は板厚に設定した．ウエッブ部 (平坦部) に生じる膨らみ変形の測定は 4 個の変位計をフランジ折り曲げ線から 20 mm 等間隔(L = 20, 40, 60, 80 mm)に取り付けた冶具を製品長手方向にモータで一定の速度で移動して測定した．図 7-3 は測定結果を画像処理したものである．

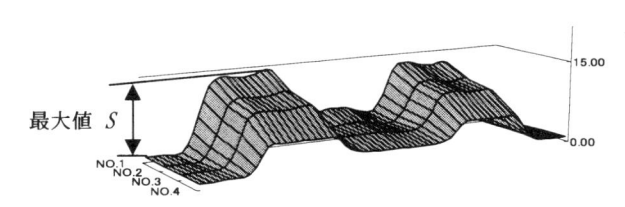

図 7-3 ウエッブの膨らみ変形 (縦軸を拡大)

(3) 測定結果

図 7-4, 図 7-5 は膨らみ変形とブランク材形状因子との関係である．図の縦軸は最大膨らみ量 S mm である．S< 5 の場合には膨らみ変形は肉眼でほとんど観察されない．図 7-4 の傾斜角度 θ が θ < 5°のブランク材は膨らみ変形は観

第7　フレキシブル軽量形鋼のロール調整法　　　　　　　　　　　87

察されなかった．また，図 7-5 では $\theta = 5°$，$F < 10$ mm，および，$\theta = 10°$，$F = 6.5$ mm のブランク材の成形では膨らみ変形は観察されなかった．

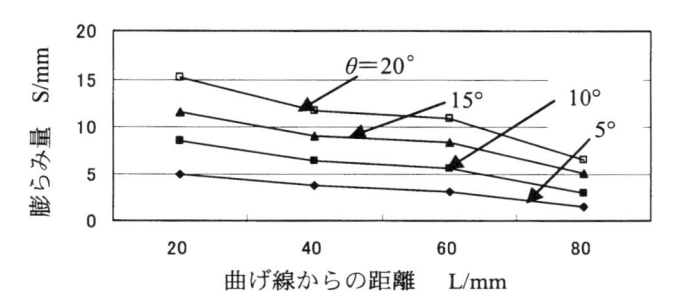

図 7-4　ウエッブの膨らみ量とブランク材形状

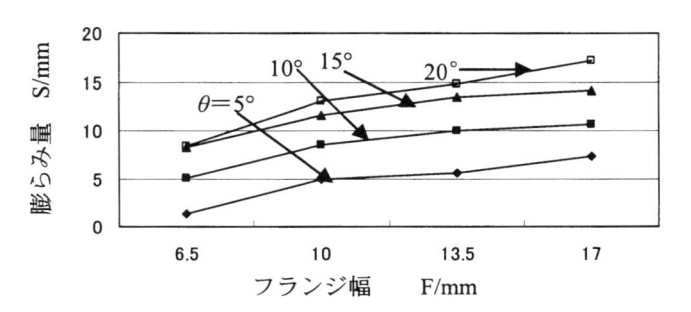

図 7-5　ウエッブの膨らみ量とブランク材形状

7-2　フレキシブル材のひずみ測定

図 7-6 の黒丸印は鋼板表裏におけるロゼットゲージの貼付位置である．フランジ部はフランジ幅(25 mm)の中央に，ウエッブ部は折り曲げ線から断面内側 15 mm の各位置に貼付した．

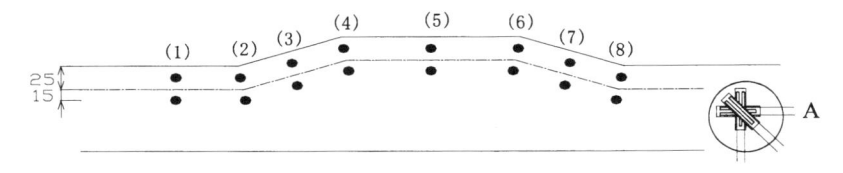

図 7-6　ロゼットゲージの添付位置

7-2 フレキシブル材のひずみ測定

　図7-7は図7-6の(1)から(4)の各位置におけるフランジ部とウエッブ部の表面ひずみ(太実線；断面内側，細実線；断面外側，A方向)と膜ひずみ(破線)をロール直下近傍(20～80°ロール)で測定した結果である．

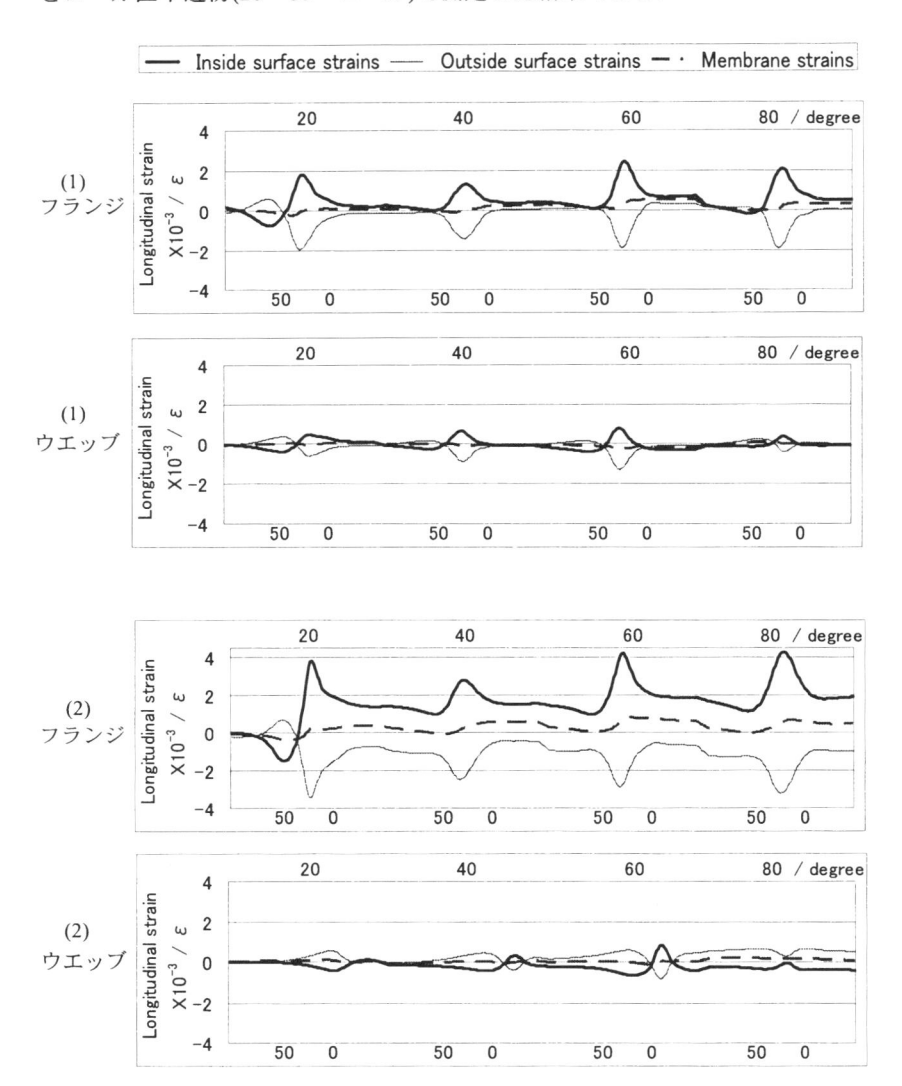

―― Inside surface strains ── Outside surface strains ― ・ Membrane strains

(1) フランジ

(1) ウエッブ

(2) フランジ

(2) ウエッブ

第7　フレキシブル軽量形鋼のロール調整法

(3) フランジ

(3) ウエッブ

(4) フランジ

(4) ウエッブ

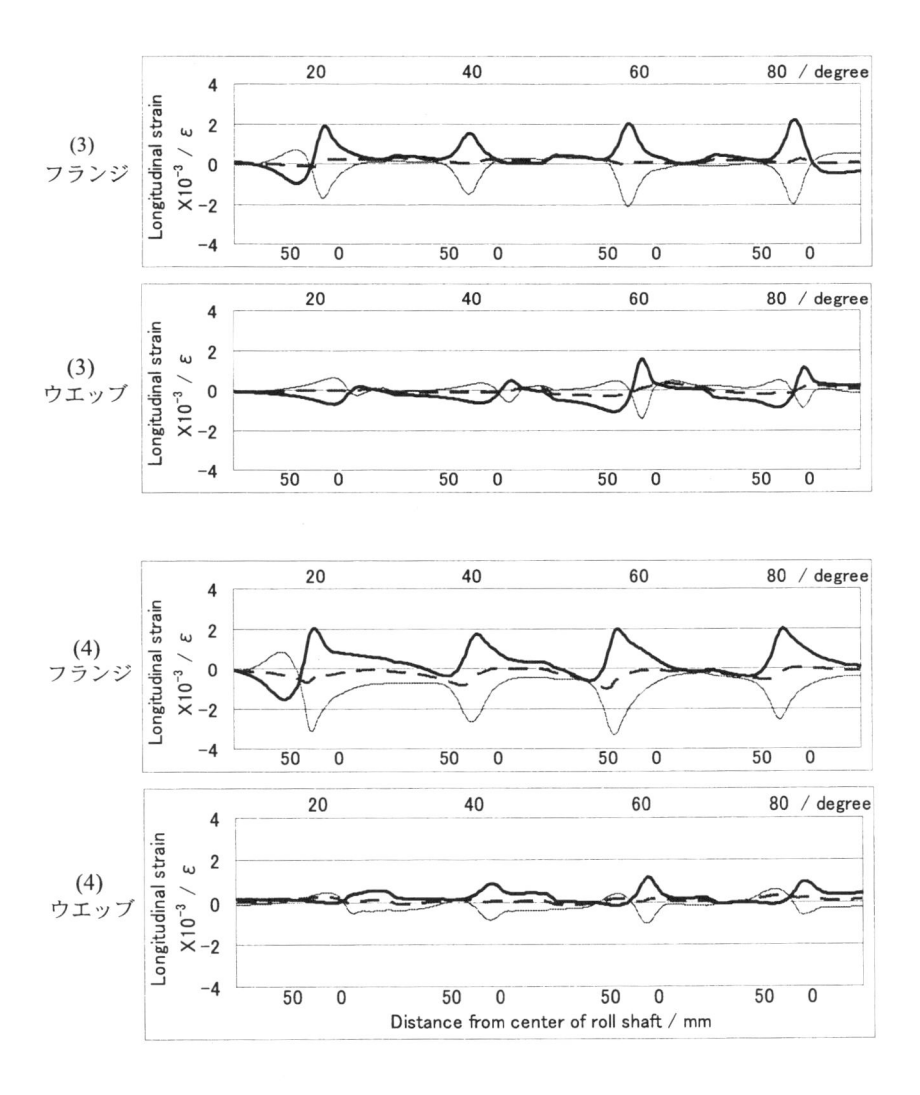

Distance from center of roll shaft / mm

図7-7　(1)～(4)の各貼付位置における表面ひずみと膜ひずみの推移

(1)～(4)の測定結果を要約すると次のようである．
(1) の測定箇所： この部分の成形はブランク材の搬送方向とロール軸とが垂

直である通常の冷間ロール成形の場合である．本測定結果は過去のデータと一致しているが，フレキシブル材の結果と対比するために載せた．

(2)の測定箇所：凹部分の伸びフランジ成形に相当する部分である．表裏のひずみ推移はフランジ内側で引張りのひずみを，フランジ外側は逆に圧縮のひずみを生じているが，この部分の膜ひずみは伸びひずみである．ウエッブ部のひずみはフランジ部の影響を受けて引張りの膜ひずみを生じている．

(3)の測定箇所：ブランク材の搬送方向とロール軸の方向が垂直でない状態での成形部分である．これはフレキシブル材特有の成形であるがひずみ推移は通常のロール成形(1)に近い傾向を示している．しかし，ウエッブ部は(1)と異なる．これは折り曲げ近傍のフランジに変形を生じているためである．

(4)の測定箇所：凸部分の縮みフランジ成形に相当する部分である．表裏のひずみ推移は通常の冷間ロール成形(1)と似ているが，圧縮ひずみの方が引張りひずみよりも大きい．この部分の膜ひずみは微小であるが圧縮ひずみである．ウエッブ部の膜ひずみは引張りである．これはフランジの圧縮変形がウエッブに膨らみ変形を生じさせたためと考える．

図 7-8 はフランジの凸部，凹部に働く膜ひずみとウエッブの変形との関係を考察したものである．フランジ凸部(A, B, E, F)に働く圧縮ひずみは凸—凸間の製品を長手方向に収縮させる結果として，この間のウエッブ(W_1 および W_3)を膨らみ状に変形させる．一方，凹部分(C, D)に働く引張りひずみは凹—凹間の製品を長手方向に伸ばすために，この間のウエッブ(W_2)を引張り状にする．これらがウエッブ部に膨らみ状変形，引張り状変形を生じさせる原因と考えられる．

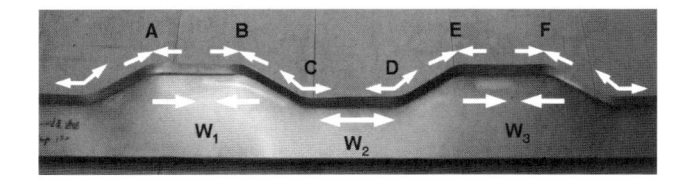

図 7-8　ウエッブ部の膨らみ変形とフランジ部の膜ひずみとの関係

第8章

Visual C++によるロールの自動設計

　本章は，Visual C++ソフトを用いてロールの自動設計を行うためのソフトの立ち上げ方法，および，プログラミングの方法を記している．本自動設計では，Windows XP Home オペレーティングシステムの下で，Microsoft Visual Studio .NET 2003 の中の Visual C++を使用した場合について記している他，参考程度であるが Version C++6.0 を使用した場合についても記している．なお，プログラミングで用いている各種の用語や記号などの詳細説明については，市販の専門書を参照されることをお勧めする．

8-1　Visual C++.NET 2003 の操作手順

8-1-1　Visual C++.NET の起動

　画面左下の[スタート]ボタンをクリックして，ポップアップメニューの[すべてのプログラム]を選択する．次に，[Microsoft Visual Studio .NET 2003]を選び，[Microsoft Visual Studio .NET 2003] ①をクリックする【図 8-1】．画面上には最上部のタイトルバーに Microsoft Development Environment と表示されたウインドウが現われる．

　ここで，[マイプロフィール(Y)]をクリックして，プロフィール(L)と記された下の欄(カスタム)の▼をクリックして，[Visual C++開発者]を選択する．すると，次の二つの欄には[Visual C++6]が現れる．

図 8-1

8-1 Visual C++.NET の操作手順

8-1-2 プロジェクトの作成

メニューバーの［ファイル］ボタンをクリック，次に，［新規作成］をクリック，さらに［プロジェクト(p)］をクリックする【図8-2】．

図 8-2

この結果，［新しいプロジェクト］ウインドウが表示される【図8-3】．ここでは，まず，プロジェクトの種類として，［VisualC++プロジェクト］の左側にある田をクリックし，［MFC］②をクリックする．そして，右側のテンプレートで［MFC アプリケーション］③をクリックする．次に，［場所(L)］に，プロジェクトを作成・保存するディレクトリを入力する．この例では［C:¥VC++］と入力している．このディレクトリが存在しない場合，自動的に作成される．必要なら，右側にある［参照(B)］ボタンをクリックして，この場所を変更，選択できる．［プロジェクト名(N)］の欄にプロジェクトの名称を入力する．この例では，[phat]を入力している．

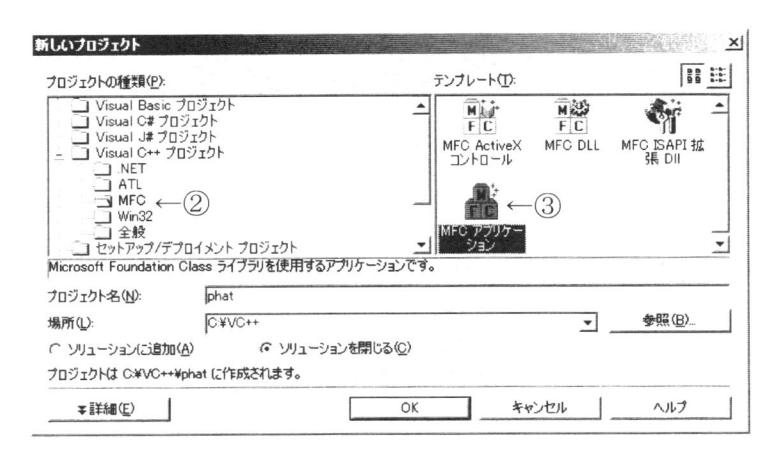

図 8-3

第8章 Visual C++によるロールの自動設計

　[OK]ボタンをクリックすると，[MFC アプリケーションウィザード- phat]ウインドウが現われる【図8-4】．ウィンドウ内の左側にある[アプリケーションの種類]をクリックすると，【図8-5】に示すウィンドウに変わる．[アプリケーションの種類]として，[マルチドキュメント(M)]を[シングルドキュメント(S)]に変更し，他はそのままにして，[完了]ボタンをクリックすると，[phat - Microsoft Visual C++]ウインドウが起動される．

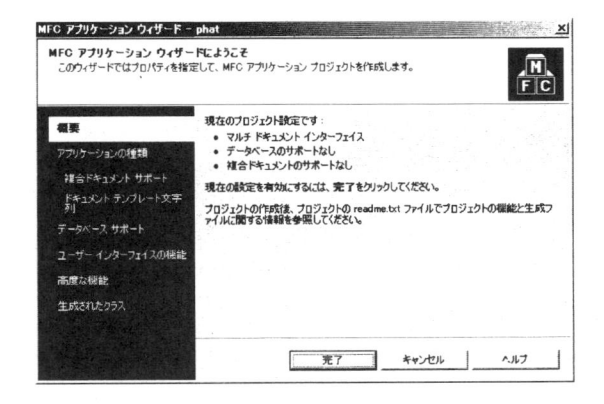

図 8-4

図 8-5

8-1-3　プログラムの書き入れ

[phat - Microsoft Visual C++] ウインドウ内の左側には，5 種類の C++ ファイル（CPP）と同じ名前の 5 種類のヘッダーファイル(h)とリソースファイルなどが見える【図 8-6】．これは［ソリューションエクスプローラ］タブをクリックした場合の内容となっている．一方，隣の［クラスビュー］のタブ④をクリックすると，[phat] が表示されるので，その左側にある田のマークをクリックすると【図 8-7】のように，[phat] を構成する 5 つのクラスなどが表示される．

本書では，計算と結果の表示を行う簡潔なプログラムを作成する目的で，View クラスの OnDraw 関数のみを対象としてコードを書き入れる．

OnDraw 関数は，【図 8-7】において，最下段の ［CphatView］クラスの前のプラスマーク田をクリックすると，【図 8-8】の⑤のように，13 個の関数の一つとして見える．この OnDraw(CDC*pDC)をダブルクリックすると，右側のウィンドウに，コードが表示される．表示された OnDraw 関数は形だけ用意され，内容はない．

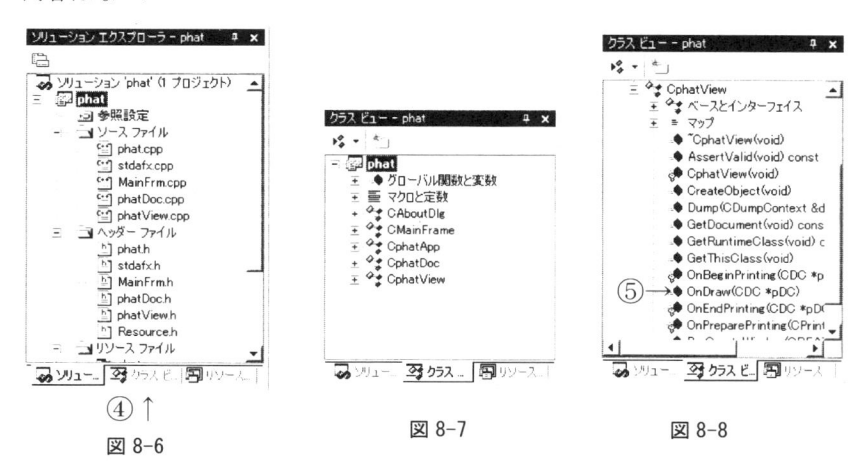

図 8-6

図 8-7

図 8-8

OnDraw 関数への入力は，まず，右側のウィンドウにおいて，スクロール操作でカーソルをコードの先頭部分に移動すると，【図 8-9】となる．ここにおいて，図に示すように#include "math.h" の 1 行を追加記入する．

第8章 Visual C++によるロールの自動設計

```
// phatView.cpp : CphatView クラスの実装
//

#include "stdafx.h"
#include "phat.h"

#include "phatDoc.h"
#include "phatView.h"
#include "math.h"

#ifdef _DEBUG
#define new DEBUG_NEW
#endif
```

図 8-9

次に，カーソルを下げると OnDraw 関数の引数が，デフォルトでは OnDraw(CDC* /*pDC*/) となっているので，これを OnDraw(CDC* **pDC**) と⑥のように変え，pDC を有効にする．さらに，【図 8-10】に示すように，自動設計用のプログラムを【**// TODO:この場所にネイテブデータ用の描画コードを追加します．**】の次の行から書き込む(プログラム例1参照)．

```
void CphatView::OnDraw(CDC* pDC)  ←⑥
{
  CphatDoc* pDoc = GetDocument();
  ASSERT_VALID(pDoc);
  if (!pDoc)
    return;

  // TODO: この場所にネイティブ データ用の描画コードを追加します。
  #define  max 10
  int      n, m, i;
  double   z_n, z_m, z_i, F, L, W, HH, OX, OY;
  double   s[max], t[max], r[max];
  double   a, b, A, B;
  double   X1[max], X2[max], X3[max], Y1[max];
  double   Y2[max], Y3[max], TH1[max], TH2[max];
  double   pi=3.1415926536;
  CString  str;
```

```
n= 6;    //成形段数
m= 3;    //リップ成形段数
F=50;    //フランジ長さ
L=20;    //リップ長さ
W=40;    //ウエブ幅
a=75;    //フランジ最終曲げ角度
b=75;    //リップ最終曲げ角度

A=a*pi/180;
B=b*pi/180;
................
```

図 8-10

　書き込みが終了したら，メニューバーの[デバッグ(D)]をクリックし，[デバッグなしで開始(G)] をクリックする【図 8-11】．

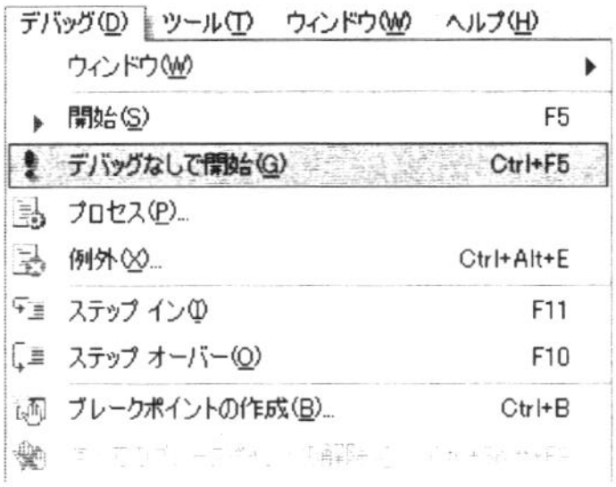

図 8-11

すると，計算結果と成形工程図が表示される【図 8-12】．

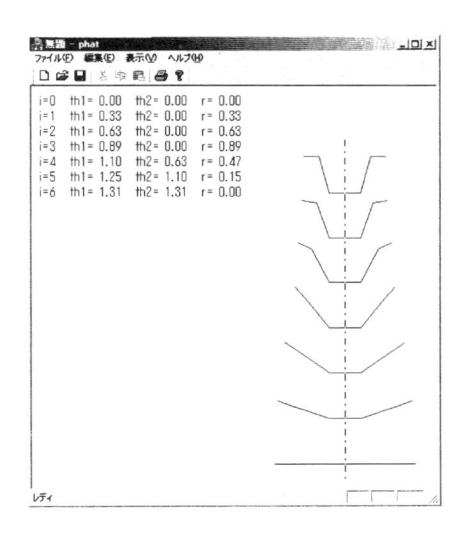

第 8 章　Visual C++によるロールの自動設計

図 8-12

　計算結果と成形工程図のプリントアウトは，まず，【Alt】キーと【Print Screen/SysRq】キーを同時に押す．次に，Microsoft Word を開き，ここで[貼り付け]をクリックして貼り付ける．この後に，[印刷]をクリックすれば【図 8-12】に示した結果がプリントアウトできる．

8-2　プログラムの骨組み

　自動設計のプログラミングは，前節に記したように，指定された場所(【// TODO:この場所にネイテブデータ用の描画コードを追加します。】の次)から書きはじめなければならない．本節は，図8-13で示すハット形断面のロール曲げ角度配分と成形工程図を自動設計する場合について，プログラム例1を用いて簡単に説明する．

　プログラムについて説明する前に，前節で追加した#include "math.h"について触れておく．これは，デフォルトでは数学関数の認識ができないため#include "math.h"と宣言することによって，数学関数を使用できるようにしている．

　プログラム例1＊＊＊ハット形断面＊＊＊の概略説明は次のようである．
①は，配列の大きさをきめている．プログラムでは#define max 10としている．この数値10は成形段数(n)+1以上の値でなければならない．
②は，プログラム中で使用する各値に対する記号である．int 行には，成形段数やリップ曲げ段数など整数を扱うもの，Double 行には，フランジ幅，ウエブ幅，曲げ角度など小数の値を扱うものの記号を記す．pi=3.1415926536は円周率 π の値である．CString str; は，計算データを収納する文字列を宣言している．
③は，ハット形断面の各部記号に対する値を与えている．この場合は，成形段数n=6段，リップ成形段数m=3段，フランジ幅F=50，リップ幅L=20，ウエブ幅W=40，フランジ最終曲げ角度a=75度，リップ最終曲げ角度b=75度を与えている．A, Bは，それぞれの曲げ角度をラジアンに直している．

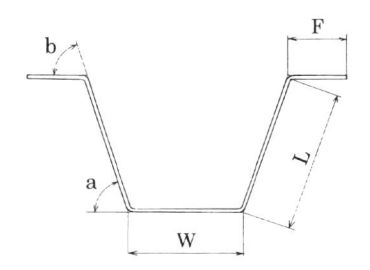

図8-13　プログラム例1の設計対象断面(ハット形断面)

第8章 Visual C++によるロールの自動設計　　　　　　　　　　　　　　99

④は，i=0 段から i=6 段までの各段におけるフランジ曲げ角度 s[i]の余弦(cos)値と，これの曲げ角度 TH1[i]，および，リップ曲げ角度 t[i]の余弦(cos)値と，これの曲げ角度 TH2[i]を求める計算プログラムである．
⑤は，④の計算結果を出力している．
⑥は，デイスプレーの左端から 400 画素，上端から 500 画素の位置を原点にして，各段の断面図を順次書くことを指示している．
⑦は，成形工程図の中心線を一点鎖線(PS_DASHDOT)で書くことを指示している．
プログラム例1で得られた自動設計の結果は，図8-12，図8-14(これは，プリントアウト後に各値を記入)のようである．

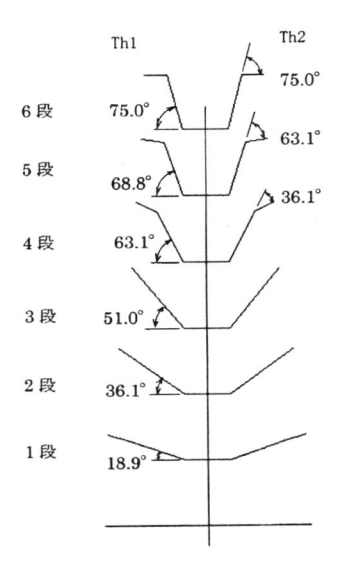

図 8-14　プログラム例1から得られたハット形断面の成形工程図

プログラム例1　＊＊＊　ハット形断面　＊＊＊

```cpp
// phatView.cpp : CphatView クラスの実装
//

#include "stdafx.h"
#include "phat.h"

#include "phatDoc.h"
#include "phatView.h"

#include "math.h"

#ifdef _DEBUG
#define new DEBUG_NEW
#endif


// CphatView

IMPLEMENT_DYNCREATE(CphatView, CView)

BEGIN_MESSAGE_MAP(CphatView, CView)
    // 標準印刷コマンド
    ON_COMMAND(ID_FILE_PRINT, CView::OnFilePrint)
    ON_COMMAND(ID_FILE_PRINT_DIRECT, CView::OnFilePrint)
    ON_COMMAND(ID_FILE_PRINT_PREVIEW, CView::OnFilePrintPreview)
END_MESSAGE_MAP()

// CphatView コンストラクション/デストラクション

CphatView::CphatView()
{
    // TODO: 構築コードをここに追加します。
}

CphatView::~CphatView()
{
}

BOOL CphatView::PreCreateWindow(CREATESTRUCT& cs)
{
    // TODO: この位置で CREATESTRUCT cs を修正して Window クラス
    //またはスタイルを修正してください。

    return CView::PreCreateWindow(cs);
}

// CphatView 描画
```

第8章　Visual C++によるロールの自動設計

```
void CphatView::OnDraw(CDC* pDC)
{
    CphatDoc* pDoc = GetDocument();
    ASSERT_VALID(pDoc);
    if (!pDoc)
        return;
    // TODO: この場所にネイティブ データ用の描画コードを追加します。
    #define max 10                                                      ①
    int     n, m, i;
    double  z_n, z_m, z_i, F, L, W, HH, OX, OY;
    double  s[max], t[max], r[max];
    double  a, b, A, B;                                                 ②
    double  X1[max], X2[max], X3[max], Y1[max], Y2[max], Y3[max];
    double  TH1[max], TH2[max];
    double  pi=3.1415926536;
    CString str;

    n= 6;     //成形段数
    m= 3;     //リップ成形段数
    F=50;     //フランジ長さ
    L=20;     //リップ幅
    W=40;     //ウエッブ幅                                              ③
    a=75;     //フランジ最終曲げ角度
    b=75;     //リップ最終曲げ角度

    A=a*pi/180;
    B=b*pi/180;

    for(i=0; i<n+1; ++i){
        z_n=(double)n;
        z_i=(double)i;
        z_m=(double)m;

            s[i]=1.0+(1.0-cos(A))*((z_i*z_i)*(2.0*z_i-3.0*z_n)/(z_n*z_n*z_n));
            TH1[i]=acos(s[i]);

            if(i<=n-m){TH2[i]=0;}                                       ④
            if(i>n-m){
               t[i]=1.0+(1.0-cos(B))*((z_i-z_n+z_m)*(z_i-z_n+z_m)
                   *(2.0*(z_i-z_n+z_m)-3.0*z_m)/(z_m*z_m*z_m));
               TH2[i]=acos(t[i]);
            }
            r[i]=TH1[i]-TH2[i];

            str.Format("i=%d    th1=%5.2f    th2=%5.2f    r=%5.2f",
               i,TH1[i],TH2[i],r[i]);                                   ⑤
            pDC->TextOut(10,10+20*i,str);
```

```
    }
    HH=0;   OX=400.0;   OY=500.0;

    for(i=0; i<n+1; ++i){
       X1[i]=F*cos(TH1[i]);
       X2[i]=L*cos(r[i]);
       X3[i]=fabs(X1[i]+X2[i]+W/2.0);
       Y1[i]=fabs(sqrt(F*F-X1[i]*X1[i]));
       Y2[i]=fabs(sqrt(L*L-X2[i]*X2[i]));
       Y3[i]=fabs(Y1[i]+Y2[i]);

       pDC->MoveTo((int)(OX-X3[i]+0.5),         (int)(OY-Y3[i]-HH+0.5));
       pDC->LineTo((int)(OX-X1[i]-W/2.0+0.5),   (int)(OY-Y1[i]-HH+0.5));
       pDC->LineTo((int)(OX-W/2.0+0.5),         (int)(OY-HH+0.5));
       pDC->LineTo((int)(OX+W/2.0+0.5),         (int)(OY-HH+0.5));
       pDC->LineTo((int)(OX+X1[i]+W/2.0+0.5),   (int)(OY-Y1[i]-HH+0.5));
       pDC->LineTo((int)(OX+X3[i]+0.5),         (int)(OY-Y3[i]-HH+0.5));
       HH=HH+fabs(F+10);
    }

    CPen pen1(PS_DASHDOT,1,RGB(0,0,0));
    pDC->SelectObject(&pen1);
    pDC->MoveTo(OX, OY-fabs((F+10)*(n+1)+10));
    pDC->LineTo(OX, OY+20);
    pen1.DeleteObject();
}

// CphatView 印刷

BOOL CphatView::OnPreparePrinting(CPrintInfo* pInfo)
{
    // デフォルトの印刷準備
    return DoPreparePrinting(pInfo);
}

void CphatView::OnBeginPrinting(CDC* /*pDC*/, CPrintInfo* /*pInfo*/)
{
    // TODO: 印刷前の特別な初期化処理を追加してください。
}

void CphatView::OnEndPrinting(CDC* /*pDC*/, CPrintInfo* /*pInfo*/)
{
    // TODO: 印刷後の後処理を追加してください。
}


// CphatView 診断

#ifdef _DEBUG
```

⑥ (brace spanning the for-loop block)

⑦ (brace spanning the CPen block)

第8章 Visual C++によるロールの自動設計　　　　　　　　　　　　　　103

```
void CphatView::AssertValid() const
{
    CView::AssertValid();
}

void CphatView::Dump(CDumpContext& dc) const
{
    CView::Dump(dc);
}

CphatDoc* CphatView::GetDocument() const
    // デバッグ以外のバージョンはインラインです。
{
    ASSERT(m_pDocument->IsKindOf(RUNTIME_CLASS(CphatDoc)));
    return (CphatDoc*)m_pDocument;
}
#endif // DEBUG


// CphatView メッセージ ハンドラ
```

8-3 各種断面の自動設計プログラミング

8-3-1 溝形断面の自動設計プログラム

図8-15に示す溝形断面の曲げ角度配分と成形工程を求める自動設計プログラムは，プログラム例2のようである．図8-16は，プログラム例2において，成形段数n=7段，最終フランジ曲げ角度b=90度，フランジ長さf=30，および，ウエブ幅W=50を与えときの結果である．

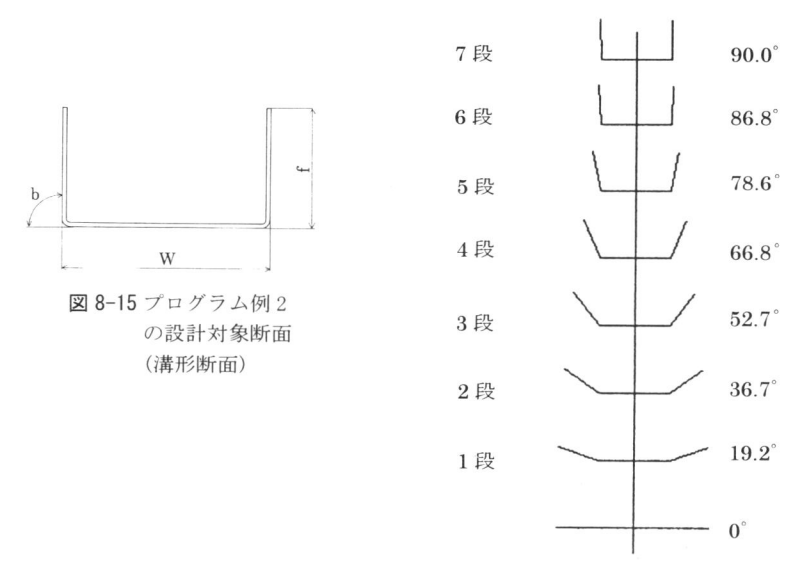

図 8-15 プログラム例2
の設計対象断面
（溝形断面）

図 8-16 プログラム例2の結果

8-3-2 パイプ断面の自動設計プログラム

図8-17は，プログラム例3から得られたものである．本パイプの設計法は，サーキュラフォーミング方式で行っている．図示の三種類のロールフラワー図は，パイプエッジの水平面に対する長手方向投影軌跡を三次曲線と仮定した場合（変動指数 m=0）と，三次曲線と若干異なる投影軌跡を仮定した場合（m=-0.2，および，m=0.2）の結果を示している．

第8章 Visual C++によるロールの自動設計　　　　　　　　　　　　　　　　105

m=-0.2

m = 0

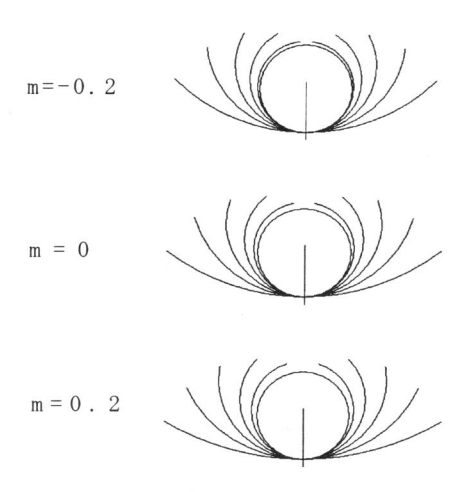

m = 0.2

図 8-17　プログラム例3によるパイプのロール
　　　　フラワー図(変動指数mによる影響)

　図示のように，変動指数を負(-0.2)にとると成形後半が丁寧な成形になる
のに対して，正(0.2)にとると成形前半が丁寧な成形となる．表8-1は，それ
ぞれの変動指数に対するパイプの曲げ角度と曲げ半径を示している．
　図8-18は，本プログラムに対するフローチャートである．曲げ角度は，逐
次二分法で求めている．逐次二分法とは脚注8-1のような考え方のことであ
る．

表 8-1　図8-17のロールフラワー図に対するパイプの曲げ角度と曲げ半径

変動指数	No.	1	2	3	4	5	6
m = -0.2	角度(rad)	0.81	1.47	2.07	2.60	3.02	3.14
	半径(mm)	232.5	128.3	91.2	72.4	62.4	60.0
m = 0	角度(rad)	0.67	1.30	1.90	2.45	2.92	3.14
	半径(mm)	279.6	144.9	99.4	76.9	64.5	60.0
m = +0.2	角度(rad)	0.56	1.16	1.74	2.32	2.83	3.14
	半径(mm)	355.6	163.1	108.1	81.4	66.5	60.0

脚注 8-1 逐次二分法：パイプを 4 段で成形する場合の第 1 段目の曲げ角度 θ_1 は次のように求める．図の横軸はパイプ曲げ角度，縦軸はパイプエッジから中心までの水平面に対する投影長さである．上段図は，式 3-15 より求めた第 1 段目の投影長さ 0.42L と，式 3-18 から求めた曲げ角度 $\pi/2$ と 0 のときの投影長さ 0.32L，0.5L を示している．中段図は，上記の 0.42L は 0.5L(0) と 0.32L($\pi/2$) の間にあるから，0 と $\pi/2$ の中間の角度である $\pi/4$ で投影長さを求めている．これは 0.45L である．下段図は，0.42L は 0.45L と 0.32L の間にあるから，この時の曲げ角度 $\pi/2$ と $\pi/4$ の中間の角度 $\pi/8$ で投影長さを計算している．このように，0.42L を挟む曲げ角度の間隔を順次狭め，この間隔が 0.01 以下になるときの角度を正解とする考えの求め方が逐次二分法である．

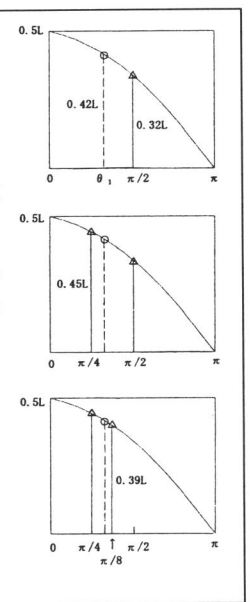

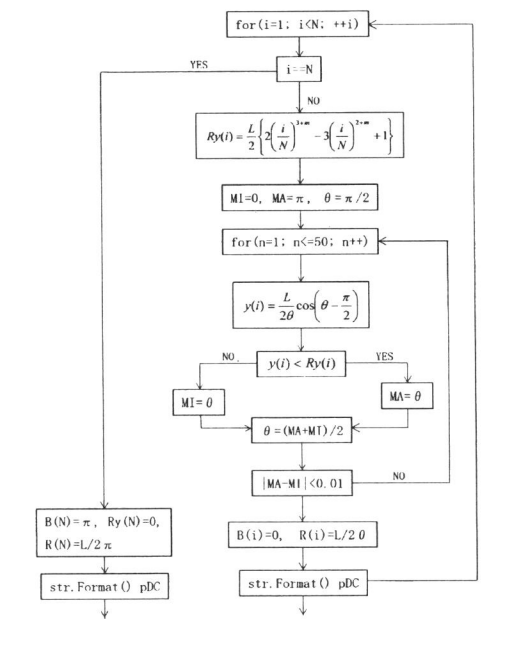

図 8-18 パイプ断面に対する自動設計プログラムフローチャート

```
for(i=1; i<N; ++i)
i==N
  YES → 
  NO ↓
Ry(i) = (L/2){2(i/N)^3 - 3(i/N)^2 + 1}

MI=0, MA=π, θ=π/2

for(n=1; n<=50; n++)

y(i) = (L/2θ)cos(θ - π/2)

y(i) < Ry(i)
  NO → MI = θ
  YES → MA = θ

θ = (MA+MI)/2

|MA-MI|<0.01
  NO ↑

B(N)=π, Ry(N)=0,        B(i)=0, R(i)=L/2θ
R(N)=L/2π

str.Format() pDC         str.Format() pDC
```

第8章 Visual C++によるロールの自動設計　　　　　　　　　　　　　　107

8-3-3　広幅断面の自動設計プログラム

　図8-19は，自動設計の対象としたキーストンプレートの形状と各部の記号を示している．図8-20は，キーストンプレート断面成形用のプログラム例4から得られた成形工程図と曲げ角度を示している．図は，広幅断面端部の水平面に対する長手方向軌跡が三次曲線で近似できると仮定した場合（変動指数m=0）の結果である．図8-21は，変動指数をm=0.3，および，m=-0.1に設定したときの結果である．図示のように，m=0.3，m=0では断面の1溝，3溝，5溝，および，7溝の溝成形に，それぞれ4段，4段，3段，6段を要している．しかし，m=-0.1にとると，各溝の成形は5段，4段，3段，5段となり，成形の前半は丁寧な幅寄せとなる．なお，m=0.2にとったときの結果は，実際に操業している成形工程と一致している．本広幅断面の自動設計プログラムも，逐次二分法で行っている．

図8-19　プログラム例4の設計対象断面（キーストンプレート断面）

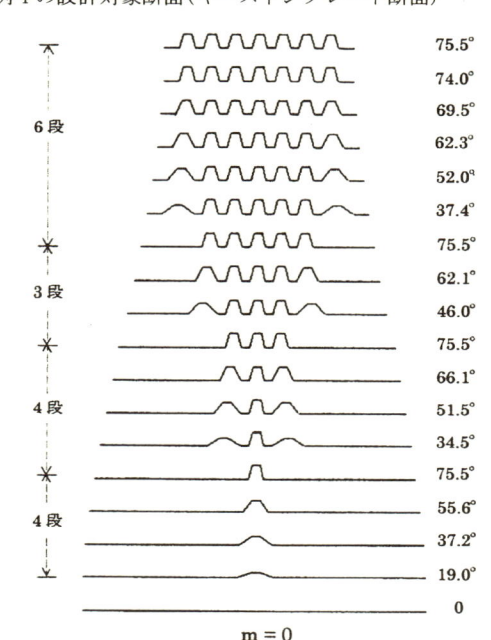

図8-20　プログラム例4で得られた自動設計の結果（m = 0）

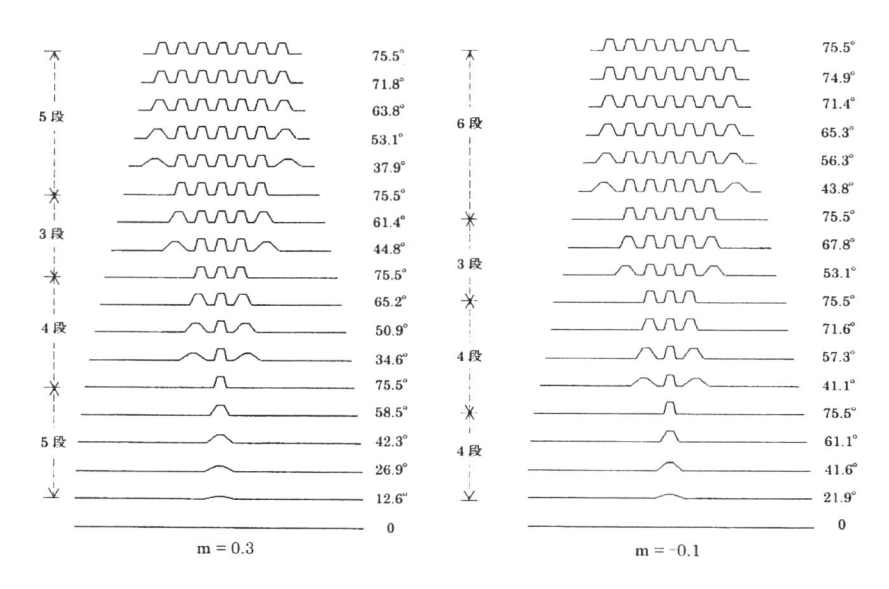

108　　　　　　　　　　　　　　　　　　8-3　各種断面の自動設計プログラミング

図 8-21　プログラム例 4 で得られた自動設計の結果(m = 0.3, -0.1)

第 8 章　Visual C++によるロールの自動設計

プログラム例2　＊＊＊　溝形断面　＊＊＊

```
// chan2View.cpp : Cchan2View クラスの実装
//

#include "stdafx.h"
#include "chan2.h"

#include "chan2Doc.h"
#include "chan2View.h"
#include "math.h"

#ifdef _DEBUG
#define new DEBUG_NEW
#endif

// Cchan2View

IMPLEMENT_DYNCREATE(Cchan2View, CView)

BEGIN_MESSAGE_MAP(Cchan2View, CView)
    // 標準印刷コマンド
    ON_COMMAND(ID_FILE_PRINT, CView::OnFilePrint)
    ON_COMMAND(ID_FILE_PRINT_DIRECT, CView::OnFilePrint)
    ON_COMMAND(ID_FILE_PRINT_PREVIEW, CView::OnFilePrintPreview)
END_MESSAGE_MAP()

// Cchan2View コンストラクション/デストラクション

Cchan2View::Cchan2View()
{
    // TODO: 構築コードをここに追加します。
}

Cchan2View::~Cchan2View()
{
}

BOOL Cchan2View::PreCreateWindow(CREATESTRUCT& cs)
{
    // TODO: この位置で CREATESTRUCT cs を修正して
    // Window クラスまたはスタイルを修正してください。

    return CView::PreCreateWindow(cs);
}

// Cchan2View 描画
```

8-3 各種断面の自動設計プログラミング

```
void Cchan2View::OnDraw(CDC* pDC)
{
    Cchan2Doc* pDoc = GetDocument();
    ASSERT_VALID(pDoc);
    if (!pDoc)
        return;

    // TODO: この場所にネイティブ データ用の描画コードを追加します。
    #define max 15
    int      n, i, OX, OY;
    double   z_n, z_i, b, f, W, HH, B;
    double   c[max],XX[max], X[max], Y[max], D[max], E[max];
    double   pi=3.1415926536;
    CString  str;

    n=7;      //成形段数
    b=90;     //フランジ曲げ角度
    f=30;     //フランジ長さ
    W=50;     //ウエブ幅

    B=pi*b/180;

    for(i=0; i<n+1; ++i){
        z_n=(double)n;
        z_i=(double)i;
        c[i]=1.0+(1.0-cos(B))*(z_i*z_i)*(2.0*z_i-3.0*z_n)/(z_n*z_n*z_n);
        D[i]=acos(c[i]);
        E[i]=D[i]*180/pi;
        str.Format("i=%d    E=%5.1f", i, E[i]);
        pDC->TextOut(30,10+20*i,str);
    }

    HH=0;    OX=300.0;    OY=420.0;

    for(i=0; i<n+1; ++i){
        XX[i]=fabs(f*c[i]);
        X[i]=fabs(XX[i]+(W/2.0));
        Y[i]=fabs(sqrt(f*f-XX[i]*XX[i]));
        pDC->MoveTo((int)(OX-X[i]+0.5),    (int)(OY-Y[i]-HH+0.5));
        pDC->LineTo((int)(OX-W/2.0+0.5),   (int)(OY-HH+0.5));
        pDC->LineTo((int)(OX+W/2.0+0.5),   (int)(OY-HH+0.5));
        pDC->LineTo((int)(OX+X[i]+0.5),    (int)(OY-Y[i]-HH+0.5));
        HH=HH+fabs(f+20);
    }

    CPen pen1(PS_DASHDOT,1,RGB(0,0,0));
    pDC->SelectObject(&pen1);
    pDC->MoveTo(OX, OY-fabs((f+20)*(n+1)));
    pDC->LineTo(OX, OY+20);
    pen1.DeleteObject();
}
```

第8章 Visual C++によるロールの自動設計

```
// Cchan2View 印刷

BOOL Cchan2View::OnPreparePrinting(CPrintInfo* pInfo)
{
    // デフォルトの印刷準備
    return DoPreparePrinting(pInfo);
}

void Cchan2View::OnBeginPrinting(CDC* /*pDC*/, CPrintInfo* /*pInfo*/)
{
    // TODO: 印刷前の特別な初期化処理を追加してください。
}

void Cchan2View::OnEndPrinting(CDC* /*pDC*/, CPrintInfo* /*pInfo*/)
{
    // TODO: 印刷後の後処理を追加してください。
}


// Cchan2View 診断

#ifdef _DEBUG
void Cchan2View::AssertValid() const
{
    CView::AssertValid();
}

void Cchan2View::Dump(CDumpContext& dc) const
{
    CView::Dump(dc);
}

Cchan2Doc* Cchan2View::GetDocument() const // デバッグ以外のバージョンはインラインです。
{
    ASSERT(m_pDocument->IsKindOf(RUNTIME_CLASS(Cchan2Doc)));
    return (Cchan2Doc*)m_pDocument;
}
#endif //_DEBUG

// Cchan2View メッセージ ハンドラ
```

プログラム例3　＊＊＊パイプ断面＊＊＊＊

```cpp
// pipe6View.cpp : Cpipe6View クラスの実装
//

#include "stdafx.h"
#include "pipe6.h"

#include "pipe6Doc.h"
#include "pipe6View.h"
#include "math.h"

#ifdef _DEBUG
#define new DEBUG_NEW
#endif


// Cpipe6View

IMPLEMENT_DYNCREATE(Cpipe6View, CView)

BEGIN_MESSAGE_MAP(Cpipe6View, CView)
    // 標準印刷コマンド
    ON_COMMAND(ID_FILE_PRINT, CView::OnFilePrint)
    ON_COMMAND(ID_FILE_PRINT_DIRECT, CView::OnFilePrint)
    ON_COMMAND(ID_FILE_PRINT_PREVIEW, CView::OnFilePrintPreview)
END_MESSAGE_MAP()

// Cpipe6View コンストラクション/デストラクション

Cpipe6View::Cpipe6View()
{
    // TODO: 構築コードをここに追加します。
}

Cpipe6View::~Cpipe6View()
{
}

BOOL Cpipe6View::PreCreateWindow(CREATESTRUCT& cs)
{
    // TODO: この位置で CREATESTRUCT cs を修正して
    // Window クラスまたはスタイルを修正してください。

    return CView::PreCreateWindow(cs);
}

// Cpipe6View 描画
```

第8章 Visual C++によるロールの自動設計

```cpp
void Cpipe6View::OnDraw(CDC* pDC)
{
    Cpipe6Doc* pDoc = GetDocument();
    ASSERT_VALID(pDoc);
    if (!pDoc)
        return;

    // TODO: この場所にネイティブ データ用の描画コードを追加します。
    #define max 13
    int      n, i, N;
    double   z_N, z_i, L, RY[max], R[max], B[max];
    double   y[max], MI, MA, TH, OX, OY, esp=1.0e-6;
    double   wxs, wxe, wys, wye, m;
    double   pi=3.1415926536;
    CString  str;

    N=6;          //全成形段数
    L=376.992;    //素材幅
    m=-0.2;       //変動指数

    for(i=1; i<=N; ++i)
    {
        z_i=(double)i;
        z_N=(double)N;

        RY[i]=L*(2.0*pow(z_i/z_N,3.0+m)-3.0*pow(z_i/z_N,2.0+m)+1.0)/2.0;

        MI=0;   MA=pi;   TH=pi/2.0;
        for(n=1; n<50; n++)
        {
            y[i]=L/(2.0*TH)*cos(TH-pi/2.0);
            if(fabs(MI-MA)<esp) break;

            if(y[i]<RY[i]){MA=TH; TH=(MI+MA)/2.0;}
            else{MI=TH;TH=(MI+MA)/2.0;}
        }

        B[i]=TH;

        R[i]=L/2.0*1/B[i];

        str.Format("i=%d    RY[i]=%6.2f   B[i]=%6.2f   R[i]=%6.2f", i, RY[i], B[i], R[i]);
        pDC->TextOut(50,20*i,str);
    }

    OX=300.0;   OY=350.0;

    for(i=1; i<=N; ++i){
        wxs=(OX-R[i]*sin(B[i]));
        wys=(OY-R[i]*(1+cos(pi+B[i])));
```

```
            wxe=(OX+R[i]*sin(B[i]));
            wye=(OY-R[i]*(1+cos(pi+B[i])));

            pDC->Arc((int)(OX-R[i]+0.5),(int)(OY-2.0*R[i]+0.5),(int)(OX+R[i]+0.5),
                    (int)(OY+0.5),(int)(wxs+0.5),(int)(wys+0.5),(int)(wxe+0.5),(int)(wye+0.5));
        }

        CPen pen1(PS_DASHDOT,1,RGB(0,0,0));
        pDC->SelectObject(&pen1);
        pDC->MoveTo(OX,OY-100);
        pDC->LineTo(OX,OY+10);
        pen1.DeleteObject();
}

// Cpipe6View 印刷

BOOL Cpipe6View::OnPreparePrinting(CPrintInfo* pInfo)
{
    // デフォルトの印刷準備
    return DoPreparePrinting(pInfo);
}

void Cpipe6View::OnBeginPrinting(CDC* /*pDC*/, CPrintInfo* /*pInfo*/)
{
    // TODO: 印刷前の特別な初期化処理を追加してください。
}

void Cpipe6View::OnEndPrinting(CDC* /*pDC*/, CPrintInfo* /*pInfo*/)
{
    // TODO: 印刷後の後処理を追加してください。
}


// Cpipe6View 診断

#ifdef _DEBUG
void Cpipe6View::AssertValid() const
{
    CView::AssertValid();
}

void Cpipe6View::Dump(CDumpContext& dc) const
{
    CView::Dump(dc);
}

Cpipe6Doc* Cpipe6View::GetDocument() const
    // デバッグ以外のバージョンはインラインです。
{
```

第8章　Visual C++によるロールの自動設計　　　　　　　　　　　　　　115

```
    ASSERT(m_pDocument->IsKindOf(RUNTIME_CLASS(Cpipe6Doc)));
    return (Cpipe6Doc*)m_pDocument;
}
#endif //_DEBUG


// Cpipe6View メッセージ ハンドラ
```

プログラム例 4 ＊＊＊ 広幅断面 ＊＊＊

```cpp
// wide6View.cpp : Cwide6View クラスの実装
//

#include "stdafx.h"
#include "wide6.h"

#include "wide6Doc.h"
#include "wide6View.h"
#include "math.h"

#ifdef _DEBUG
#define new DEBUG_NEW
#endif


// Cwide6View

IMPLEMENT_DYNCREATE(Cwide6View, CView)

BEGIN_MESSAGE_MAP(Cwide6View, CView)
    // 標準印刷コマンド
    ON_COMMAND(ID_FILE_PRINT, CView::OnFilePrint)
    ON_COMMAND(ID_FILE_PRINT_DIRECT, CView::OnFilePrint)
    ON_COMMAND(ID_FILE_PRINT_PREVIEW, CView::OnFilePrintPreview)
END_MESSAGE_MAP()

// Cwide6View コンストラクション/デストラクション

Cwide6View::Cwide6View()
{
    // TODO: 構築コードをここに追加します。
}

Cwide6View::~Cwide6View()
{
}

BOOL Cwide6View::PreCreateWindow(CREATESTRUCT& cs)
{
    // TODO: この位置で CREATESTRUCT cs を修正して
    // Window クラスまたはスタイルを修正してください。

    return CView::PreCreateWindow(cs);
}

// Cwide6View 描画
```

第8章 Visual C++によるロールの自動設計

```
void Cwide6View::OnDraw(CDC* pDC)
{
    Cwide6Doc* pDoc = GetDocument();
    ASSERT_VALID(pDoc);
    if (!pDoc)
        return;

    // TODO: この場所にネイティブ データ用の描画コードを追加します。
    #define max 20

    int      i, j, jj, KK, n, N, SS, NL, ST[max], RS;
    double   SX, SY, z_i,z_jj,z_j, z_N, L, A, B, F, W0, W1, TH, HH, th, m, MA, MI;
    double   QX, ZY, NN, NM,   RX[max], C[max], T[max], TT[max],
             OX, OY, YE[max], XE[max], XS, X1[max], X2[max];
    double   X3[max], Y1[max], X5[max], Y5[max], X6[max];
    double   PX[max], PY[max], X[max][max], Y[max][max];
    double   pi=3.14159265358979;
    CString  str;

    // 成形段数の振り分けおよび各段の曲げ角度計算

    N=17;         //全成形段数
    th=75.0;      //曲げ角度
    A=8.0;        //リップ幅
    B=8.0;        //ウエッブ幅
    L=344.0;      //全板幅
    F=15.0;       //フランジ長さ
    NL=7;         //リブの数
    m=0;          //変動指数

    TH=th*pi/180;

    z_N=(double)N;
    MA=z_N;
    MI=0;
    NN=(NL-1)/2.0;
    NM=NN+1.0;
    W1=L/2.0;
    W0=L/2.0-(1+2*NN)*F*(1-cos(TH));
    SY=z_N/NM;
    QX=L/2.0-F*(1-cos(TH));


    for(n=1; n<50; n++){   //1.0 -> 1
        SX=W1-2.0/pow(z_N,3+m)*(W0-W1)*pow(SY,3+m)+
           3.0/pow(z_N,m+2)*(W0-W1)*pow(SY,m+2);

        if(SX<=QX){ if(SY<MA) MA=SY; SY=(SY+MI)/2.0;}
        else      { if(SY>MI) MI=SY; SY=(SY+MA)/2.0;}
```

```
        ZY=SY;

      if((MA-MI)<=0.01) break;
   }

   RS=(MA+MI)/2+0.5;

   HH=0; OX=500; OY=620;

   for(i=0; i<=RS; i++){
      z_i=(double)i;
      z_N=(double)N;

      RX[i]=W1+(W1-W0)*(2.0*pow(z_i,m+3)/pow(z_N,m+3)-
         3.0*pow(z_i,m+2)/pow(z_N,m+2));
      C[i]=-(L/2.0-F-RX[i])/F;

      T[i]=atan(sqrt(1-C[i]*C[i])/C[i]);

      if(i<RS) TT[i]=T[i]*180/pi+0.5;
      else     TT[i]=75.0+0.5;

      X1[i]=F*cos(T[i]); Y1[i]=F*sin(T[i]);
      X2[i]=X1[i]+A/2;  X3[i]=RX[i];

      if(i==RS){
         X1[i]=F*cos(TH);
         Y1[i]=F*sin(TH);
         X2[i]=X1[i]+A/2;;
         X3[i]=L/2-F*(1-cos(TH));
      }

      pDC->MoveTo((int)(OX-X3[i]+0.5),   (int)(OY-HH+0.5));
      pDC->LineTo((int)(OX-X2[i]+0.5),   (int)(OY-HH+0.5));
      pDC->LineTo((int)(OX-A/2+0.5),     (int)(OY-Y1[i]-HH+0.5));
      pDC->LineTo((int)(OX+A/2+0.5),     (int)(OY-Y1[i]-HH+0.5));
      pDC->LineTo((int)(OX+X2[i]+0.5),   (int)(OY-HH+0.5));
      pDC->LineTo((int)(OX+X3[i]+0.5),   (int)(OY-HH+0.5));
      pDC->MoveTo((int)(OX+0.5),         (int)(OY-20-HH+0.5));

      HH=HH+F*sin(TH)+20;

      str.Format("i=%2d    TT=%6.1f",i,TT[i]);
      pDC->TextOut(10,10+20*i,str);
   }

   SS=RS;
   XS=F*cos(TH)+A/2;

   for(j=1; j<=NN; j++){
      z_N=(double)N;
```

第8章　Visual C++によるロールの自動設計　　　　　　　　　　　　　　　　　　119

```
            z_j=(double)j;

         MA=z_N;
         MI=0;

         PY[j]=(z_j+1)*z_N/NM;
         RX[j]=L/2-F*(1+2*z_j)*(1-cos(TH));


         for(n=1; n<100; n++){// 1.0 => 1
            PX[j]=W1-(2.0/pow(z_N,m+3))*(W0-W1)*pow(PY[j],m+3)+
                  (3.0/pow(z_N,m+2))*(W0-W1)*pow(PY[j],m+2);

            if(PX[j]<=RX[j]){
               if(PY[j]<MA) MA=PY[j];
               PY[j]=(PY[j]+MI)/2;
            }
            else{
               if(PY[j]>MI) MI=PY[j];
               PY[j]=(PY[j]+MA)/2;}

               if((MA-MI)<=0.01) break;
         }

         ST[j]=(MA+MI)/2-ZY+0.5;

         ZY=PY[j];

         for(jj=SS+1; jj<=SS+ST[j]; jj++){
            z_jj=(double)jj;
            z_N=(double)N;

            RX[jj]=W1-(2.0/pow(z_N,m+3))*(W0-W1)*pow(z_jj,m+3)+
                   (3.0/pow(z_N,m+2))*(W0-W1)*pow(z_jj,m+2);

            C[jj]=-(L/(2.0*F)-(1+2*z_j)+(2.0*z_j-1)*
                  cos(TH)-RX[jj]/F)/2;

            T[jj]=atan(sqrt(1.0-C[jj]*C[jj])/C[jj]);

            if(jj<SS+ST[j])
               TT[jj]=fabs(T[jj]*180.0/pi+0.5);
            else
               TT[jj]=fabs(TH*180.0/pi+0.5);

            str.Format("jj=%2d    TT=%6.1f", jj, TT[jj]);
            pDC->TextOut(10,10+20*jj,str);


            X[j][1]=XS+B;              Y[j][1]=0;
            X[j][2]=X[j][1]+F*cos(T[jj]);   Y[j][2]=F*sin(T[jj]);
```

```
            X[j][3]=X[j][2]+A;          Y[j][3]=Y[j][2];
            X[j][4]=X[j][3]+F*cos(T[jj]);   Y[j][4]=0;
            XE[j]=RX[jj];             YE[j]=0;


            if(jj==SS+ST[j]){
                X[j][2]=X[j][1]+F*cos(TH); Y[j][2]=F*sin(TH);
                X[j][3]=X[j][2]+A;       Y[j][3]=Y[j][2];
                X[j][4]=X[j][3]+F*cos(TH);
                XE[j]=X[j][4]+((L-A)/2-F-j*(B+2*F+A));
            }

            X5[jj]=F*cos(TH); Y5[jj]=F*sin(TH);
            X6[jj]=X5[jj]+A/2;


            pDC->MoveTo((int)(OX-X5[jj]-A/2+0.5),    (int)(OY-HH+0.5));
            pDC->LineTo((int)(OX-A/2+0.5),        (int)(OY-Y5[jj]-HH+0.5));
            pDC->LineTo((int)(OX+A/2+0.5),        (int)(OY-Y5[jj]-HH+0.5));
            pDC->LineTo((int)(OX+X5[jj]+A/2+0.5),(int)(OY-HH+0.5));


            for(KK=1; KK<=j; KK++){
                pDC->MoveTo((int)(OX-X[KK][4]+0.5),    (int)(OY-HH-Y[KK][4]+0.5));
                pDC->LineTo((int)(OX-X[KK][3]+0.5),    (int)(OY-HH-Y[KK][3]+0.5));
                pDC->LineTo((int)(OX-X[KK][2]+0.5),    (int)(OY-HH-Y[KK][2]+0.5));
                pDC->LineTo((int)(OX-X[KK][1]+0.5),    (int)(OY-HH-Y[KK][1]+0.5));
                pDC->LineTo((int)(OX-X[KK][1]+B+0.5),  (int)(OY-HH+0.5));
                pDC->MoveTo((int)(OX+X[KK][1]-B+0.5),  (int)(OY-HH+0.5));
                pDC->LineTo((int)(OX+X[KK][1]+0.5),    (int)(OY-HH-Y[KK][1]+0.5));
                pDC->LineTo((int)(OX+X[KK][2]+0.5),    (int)(OY-HH-Y[KK][2]+0.5));
                pDC->LineTo((int)(OX+X[KK][3]+0.5),    (int)(OY-HH-Y[KK][3]+0.5));
                pDC->LineTo((int)(OX+X[KK][4]+0.5),    (int)(OY-HH-Y[KK][4]+0.5));
            }

            pDC->MoveTo((int)(OX-XE[j]+0.5),  (int)(OY-HH+0.5));
            pDC->LineTo((int)(OX-X[j][4]+0.5),(int)(OY-HH+0.5));
            pDC->MoveTo((int)(OX+XE[j]+0.5),  (int)(OY-HH+0.5));
            pDC->LineTo((int)(OX+X[j][4]+0.5),(int)(OY-HH+0.5));
            pDC->MoveTo((int)(OX+0.5),        (int)(OY-HH+50+0.5));

            HH=HH+F*sin(TH)+20;
        }

        XS=X[j][4];
        SS=SS+ST[j];

    }
}
```

第8章 Visual C++によるロールの自動設計

```
// Cwide6View 印刷

BOOL Cwide6View::OnPreparePrinting(CPrintInfo* pInfo)
{
    // デフォルトの印刷準備
    return DoPreparePrinting(pInfo);
}

void Cwide6View::OnBeginPrinting(CDC* /*pDC*/, CPrintInfo* /*pInfo*/)
{
    // TODO: 印刷前の特別な初期化処理を追加してください。
}

void Cwide6View::OnEndPrinting(CDC* /*pDC*/, CPrintInfo* /*pInfo*/)
{
    // TODO: 印刷後の後処理を追加してください。
}


// Cwide6View 診断

#ifdef _DEBUG
void Cwide6View::AssertValid() const
{
    CView::AssertValid();
}

void Cwide6View::Dump(CDumpContext& dc) const
{
    CView::Dump(dc);
}

Cwide6Doc* Cwide6View::GetDocument() const // デバッグ以外のバージョンはインラ
インです。
{
    ASSERT(m_pDocument->IsKindOf(RUNTIME_CLASS(Cwide6Doc)));
    return (Cwide6Doc*)m_pDocument;
}
#endif //_DEBUG


// Cwide6View メッセージ ハンドラ
```

8-4 Visual C++6.0による自動設計

Microsoft Visual C++6.0を起動するためのコンピュータ操作は次のようである.

8-4-1 Visual C++6.0の起動

8-1節で示したように,まず,インストールしてあるVisual C++6.0のソフトを図8-1と同じ手順でMicrosoft Visual C++6.0をクリックする.すると,画面上には最上部のタイトルバーにMicrosoft Visual C++と表示されたウインドウが現れる.

8-4-2 プロジェクトを作成

メニューバーの[ファイル]ボタンをクリック,次に,[新規作成]をクリックする.すると,[新規作成]ウインドウが現れる.ここで,左側のMFC AppWizard (exe)をクリックする.そして,右側の[プロジェクト名(N)]の欄にプロジェクトの名称(ここではphat)を入力する.すると,下の欄の[位置(C)]にC:¥vc++phatが現れる.更に下の[OK]をクリックする.

すると,[MFC AppWizard-ステップ-1-]ウインドウが現れる.ここで,SDI(S)をクリックしてMDI(M)に付いている黒点をSDI(S)側にする.この後,[終了]ボタンをクリックする.

[MFC AppWizard-ステップ-6/6-]ウインドウが現れ,ここで[終了]ボタンをクリックする.次に,[新規プロジェクト情報]ウインドウで[OK]ボタンをクリックする.

[phat-Microsoft Visual C++]ウインドウが現れる.ここで,⊞…🗐phatクラスの前に記されたプラスマーク⊞をクリックして,マイナスマーク⊟に変える.すると,その下側に5個のクラスが現れる.

この中から🗐CPhatViewクラスの⊞マークをクリックして⊟マークに変えると,その下に,10個の関数が現れる.10個の関数の中から,[OnDraw(CDC*pDC)]関数を選び,これをダブルクリックする.すると,右側のウインドウにCPhatViewクラスのプログラム(コード)がOnDraw関数を中心に表示される.

第8章 Visual C++によるロールの自動設計　　　　　　　　　123

　この部分の操作は，図8-6～図8-8と同じである．この後は，図8-9と同様に，#include "math.h"の一行を追加する．なお，OnDraw関数は[OnDraw(CDC*pDC)]であるので，前記のVisual C++.NETのような操作は不要である．

　これ以降は，前記のように【// TODO: この場所にネイテブデータ用の描画コードを追加します。】の次の行から自動設計プログラムを書き込む．

　書き込みが終了したら，メニューバーの[ビルド(B)]をクリックする．次に，![実行]をクリックすると曲げ角度配分の結果と成形工程図が出力される．

8-4-3　ハット形断面の自動設計例

　前記Visual C++.NET2003で示した自動設計例，ハット形断面(プログラム例1)をVisual C++6.0ソフトでプログラミングした結果は次ページのようである．

【VisualC++6.0】 プログラム例1　＊＊＊ハット形断面＊＊＊

```
// phatView.cpp : CPhatView クラスの動作の定義を行います。
//

#include "stdafx.h"
#include "phat.h"
#include "phatDoc.h"
#include "phatView.h"

#include "math.h"

#ifdef _DEBUG
#define new DEBUG_NEW
#undef THIS_FILE
static char THIS_FILE[] = __FILE__;
#endif

/////////////////////////////////////////////////////////////////////////////
// CPhatView

IMPLEMENT_DYNCREATE(CPhatView, CView)

BEGIN_MESSAGE_MAP(CPhatView, CView)
    //{{AFX_MSG_MAP(CPhatView)
        // メモ - ClassWizard はこの位置にマッピング用のマクロを追加または削除します。
        //        この位置に生成されるコードを編集しないでください。
    //}}AFX_MSG_MAP
    // 標準印刷コマンド
    ON_COMMAND(ID_FILE_PRINT, CView::OnFilePrint)
    ON_COMMAND(ID_FILE_PRINT_DIRECT, CView::OnFilePrint)
    ON_COMMAND(ID_FILE_PRINT_PREVIEW, CView::OnFilePrintPreview)
END_MESSAGE_MAP()

/////////////////////////////////////////////////////////////////////////////
// CPhatView クラスの構築/消滅

CPhatView::CPhatView()
{
    // TODO: この場所に構築用のコードを追加してください。
}

CPhatView::~CPhatView()
{
}

BOOL CPhatView::PreCreateWindow(CREATESTRUCT& cs)
```

第8章　Visual C++によるロールの自動設計

```
{
// TODO: この位置で CREATESTRUCT cs を修正して Window クラスまたは
//スタイルを/修正してください。

    return CView::PreCreateWindow(cs);
}

/////////////////////////////////////////////////////////////
// CPhatView クラスの描画
void CPhatView::OnDraw(CDC* pDC)
{
    CPhatDoc* pDoc = GetDocument();
    ASSERT_VALID(pDoc);

    // TODO: この場所にネイティブ データ用の描画コードを追加します。

    #define  max 10
    int      n, m, i;
    double   z_n, z_m, z_i, F, L, W, HH, OX, OY;
    double   s[max], t[max], r[max];
    double   a, b, A, B;
    double   X1[max], X2[max], X3[max], Y1[max], Y2[max], Y3[max];
    double   TH1[max], TH2[max];
    double   pi=3.1415926536;
    CString  str;


     n= 6;        //成形段数
     m= 3;        //リップ成形段数
     F=50;        //フランジ長さ
     L=20;        //リップ幅
     W=40;        //ウエッブ幅
     a=75;        //フランジ最終曲げ角度
     b=75;        //リップ最終曲げ角度


     A=a*pi/180;
     B=b*pi/180;

     for(i=0; i<n+1; ++i)
        {
        z_n=(double)n;
        z_i=(double)i;
        z_m=(double)m;

        s[i]=1.0+(1.0-cos(A))*((z_i*z_i)*(2.0*z_i-3.0*z_n)/(z_n*z_n*z_n));
        TH1[i]=acos(s[i]);

        if(i<=n-m){TH2[i]=0;}
        if(i>n-m){
```

```cpp
                    t[i]=1.0+(1.0-cos(B))*((z_i-z_n+z_m)*(z_i-z_n+z_m)
                        *(2.0*(z_i-z_n+z_m)-3.0*z_m)/(z_m*z_m*z_m));
                      TH2[i]=acos(t[i]);
            }
                    r[i]=TH1[i]-TH2[i];

        str.Format("i=%d   th1=%8.2f th2=%8.2f r=%8.2f",i,TH1[i],TH2[i],r[i]);

                pDC->TextOut(10,10+20*i,str);
            }
    HH=0;   OX=400.0;   OY=500.0;

    for(i=0; i<n+1; ++i)
      {
        X1[i]=F*cos(TH1[i]);
        X2[i]=L*cos(r[i]);
        X3[i]=fabs(X1[i]+X2[i]+W/2.0);
        Y1[i]=fabs(sqrt(F*F-X1[i]*X1[i]));
        Y2[i]=fabs(sqrt(L*L-X2[i]*X2[i]));
        Y3[i]=fabs(Y1[i]+Y2[i]);

        pDC->MoveTo(OX-X3[i], OY-Y3[i]-HH);
        pDC->LineTo(OX-X1[i]-W/2.0, OY-Y1[i]-HH);
        pDC->LineTo(OX-W/2.0, OY-HH);
        pDC->LineTo(OX+W/2.0, OY-HH);
        pDC->LineTo(OX+X1[i]+W/2.0, OY-Y1[i]-HH);
        pDC->LineTo(OX+X3[i], OY-Y3[i]-HH);
        HH=HH+fabs(F+10);

      }

    CPen pen1(PS_DOT,1,RGB(0,0,0));
    pDC->SelectObject(&pen1);
    pDC->MoveTo(OX, OY-fabs((F+10)*n+20));
    pDC->LineTo(OX, OY+20);
}

/////////////////////////////////////////////////////////////
// CPhatView クラスの印刷

BOOL CPhatView::OnPreparePrinting(CPrintInfo* pInfo)
{
        // デフォルトの印刷準備
    return DoPreparePrinting(pInfo);
}

void CPhatView::OnBeginPrinting(CDC* /*pDC*/, CPrintInfo* /*pInfo*/)
{
        // TODO: 印刷前の特別な初期化処理を追加してください。
}
```

第 8 章　Visual C++によるロールの自動設計

```
void CPhatView::OnEndPrinting(CDC* /*pDC*/, CPrintInfo* /*pInfo*/)
{
        // TODO: 印刷後の後処理を追加してください。
}

/////////////////////////////////////////////////////////////
// CPhatView クラスの診断

#ifdef _DEBUG
void CPhatView::AssertValid() const
{
   CView::AssertValid();
}

void CPhatView::Dump(CDumpContext& dc) const
{
   CView::Dump(dc);
}

CPhatDoc* CPhatView::GetDocument() // 非デバッグ バージョンはインラインです。
{
   ASSERT(m_pDocument->IsKindOf(RUNTIME_CLASS(CPhatDoc)));
   return (CPhatDoc*)m_pDocument;
}
#endif //_DEBUG

/////////////////////////////////////////////////////////////
// CPhatView クラスのメッセージ ハンドラ
```

付録1
PLC ラダープログラム

　図付 1-1 は位置制御にかわるプログラムの一部である．この形式はラダープログラムと言われるものである．　第1章　図 1-3 に示された PC にインストールされた PLC プログラムのエディタを使って作成される．各命令は左から右へ，また上から下への順で実行される．横線で繋がれた括弧内がコマンドでその上に記述されているのがオペランドである．また，コマンド下の記述はコメントである．図付 1-2 は図付 1-1 をニモニックリスト形式に変換したものである．　通常はアセンブラ言語と言われるもので最もコンピュータに近い基本的な言語である．　エディタによりこのプログラムは0と1で記述された機械語に変換され，第1章　図 1-3 に示した PC から PLC の CPU に転送される．　CPU の Program Memory に格納された機械語は CPU によって順次読み出し，解読，実行される．

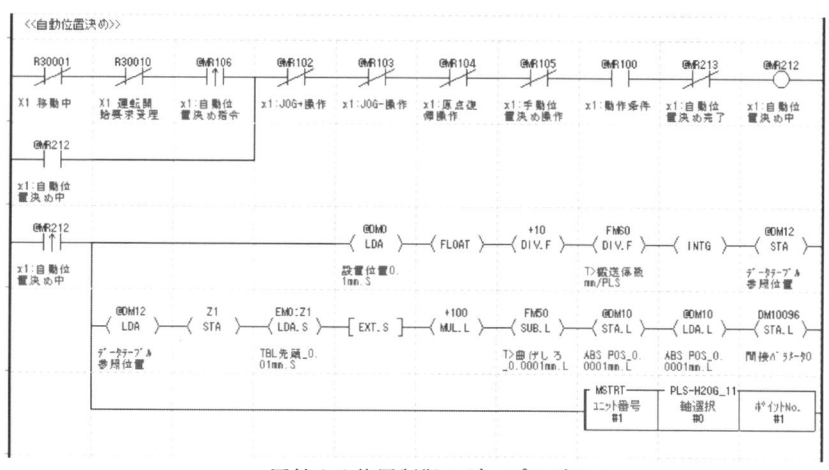

図付 1-1 位置制御ラダープログラム

PLC ラダープログラム   129

```
LDB     R30001                          ; X1 移動中
ANB     R30010                          ; X1 運転開始要求受理
ANP     @MR00106                        ; x1:自動位置決め指令
OR      @MR00212                        ; x1:自動位置決め中
ANB     @MR00102                        ; x1:JOG+操作
ANB     @MR00103                        ; x1:JOG-操作
ANB     @MR00104                        ; x1:原点復帰操作
ANB     @MR00105                        ; x1:手動位置決め操作
AND     @MR00100                        ; x1:動作条件
ANB     @MR00213                        ; x1:自動位置決め完了
OUT     @MR00212                        ; x1:自動位置決め中
LDP     @MR00212                        ; x1:自動位置決め中
MPS
LDA     @DM00000                        ; 設置位置 0.1 ㎜.S
CON
FLOAT
CON
DIV.F   +10
CON
DIV.F   FM00060                         ; T>搬送係数㎜/PLS
CON
INTG
CON
STA     @DM00012                        ; データテーブル参照位置
MRD
LDA     @DM00012                        ; データテーブル参照位置
CON
STA     Z01
CON
LDA.S   EM00000:Z01                     ; TBL 先頭_0.01 ㎜.S
CON
EXT.S
CON
MUL.L   +100
CON
SUB.L   FM00050                         ; T>曲げしろ_0.0001 ㎜.L
CON
STA.L   @DM00010                        ; ABS POS_0.0001 ㎜.L
CON
LDA.L   @DM00010                        ; ABS POS_0.0001 ㎜.L
CON
STA.L   DM10096                         ; 間接パラメータ 0
MPP
MSTRT   PLS-H20G_11 #1    #0    #1
```

図付 1-2 ニモニックリスト

　図付 1-3 は**姿勢制御ラダープログラム**の一部で，図付 1-4 は図付 1-3 をニモニックリストに変換したものである．

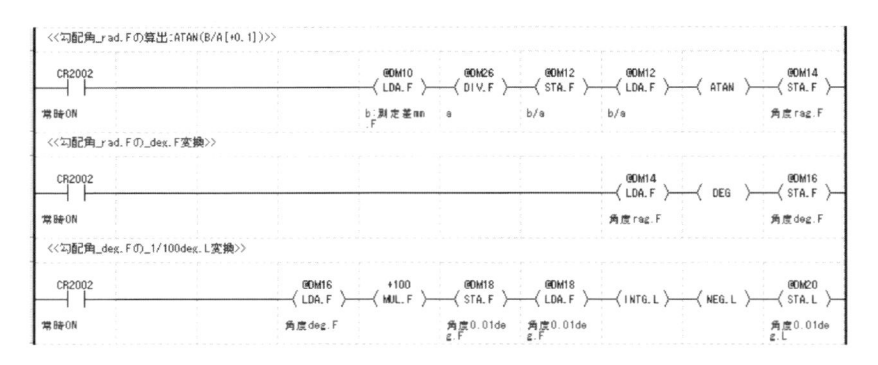

```
<<勾配角_rad.Fの算出:ATAN(B/A[+0.1])>>
CR2002                           @DM10    @DM26    @DM12    @DM12           @DM14
──┤├──────────────────────────── LDA.F ── DIV.F ── STA.F ── LDA.F ── ATAN ── STA.F
常時ON                            b:測定差mm  a        b/a      b/a              角度rag.F
                                  .F
<<勾配角_rad.Fの_dex.F変換>>
CR2002                                                       @DM14           @DM16
──┤├──────────────────────────────────────────────────────── LDA.F ── DEG ── STA.F
常時ON                                                        角度rag.F        角度deg.F

<<勾配角_deg.Fの_1/100deg.L変換>>
CR2002                  @DM16    +100    @DM18    @DM18                    @DM20
──┤├─────────────────── LDA.F ── MUL.F ── STA.F ── LDA.F ── INTG.L ── NEG.L ── STA.L
常時ON                   角度deg.F         角度0.01de 角度0.01de                   角度0.01de
                                          g.F       g.F                        g.L
```

図付 1-3　姿勢制御ラダープログラム

```
        LD       CR2002                        ; 常時 ON
        LDA.F    @DM00010                      ; b:測定差mm.F
        CON
        DIV.F    @DM00026                      ; a
        CON
        STA.F    @DM00012                      ; b/a
        CON
        LDA.F    @DM00012                      ; b/a
        CON
        ATAN
        CON
        STA.F    @DM00014                      ; 角度 rag.F
        LD       CR2002                        ; 常時 ON
        LDA.F    @DM00014                      ; 角度 rag.F
        CON
        DEG
        CON
        STA.F    @DM00016                      ; 角度 deg.F
        LD       CR2002                        ; 常時 ON
        LDA.F    @DM00016                      ; 角度 deg.F
        CON
        MUL.F    +100
        CON
        STA.F    @DM00018                      ; 角度 0.01deg.F
        CON
        LDA.F    @DM00018                      ; 角度 0.01deg.F
        CON
        INTG.L
        CON
        NEG.L
        CON
        STA.L    @DM00020                      ; 角度 0.01deg.L
```

図付 1-4 姿勢制御ニモニックリスト

付　録　2

各種断面に対するスタンド段数，
および，ロール軸直径

　付録2は，日立金属(株)発行の「日立金属カタログNo.265」に記されている各種断面形状，これらを成形するのに用いたロール成形段数，ロール軸直径，および，主なる用途例などの自社実績の一覧表の中から主なものを抽出して載せたものである．なお，表中のNumber of stands H V のHは水平ロールの段数を，Vは垂直ロールの段数をそれぞれ示している．また，ロール成形段数は製品の精度対策を考慮した段数になっている．

No.	Formed shapes	Number of stands H	Number of stands V	Spidol Dia.(mm)	Uses
1		6	0	65.6	Sash
2		15	1	63.5	Sash
3		14	0	63.5	Sash
4		14	2	63.5	Sash
5		11	0	63.5	Sash
6		13	4	63.5	Sash
7		12	0	50.0	Door-Frame

付　録2　各種断面に対するスタンド段数，および，ロール軸直径

No.	Formed shapes	Number of stands H	Number of stands V	Spidol Dia.(mm)	Uses
8	(V-shape, 40, 2.3)	5	0	75	Building-frame
9	(U-shape, 22, 22, 2, 50.1)	9	0	40	Nachine parts
10	(channel, 15, 3.2, 45, 45)	13	3	45	Guardrail cover
11	(rim shape, 12, 1.4, 60, (40))	13	1	60	Rim of bicycle or motorcycle
12	(Z-shape, 15, 15, (30), 40, (2.3) 1.6, (15) 25, 80)	16	0	60	Door frame
13	(Z-shape, 22, 12, 2.3, 35, 95)	13	0	50	Sash
14	(shape, 25, 12, 39, 2, 14, 67.5)	15	0	50	Sash

No.	Formed shapes	Number of stands H	Number of stands V	Spidol Dia.(mm)	Uses
15	50, 2, 85	18	6	50	Sash
16	26, 2.3, 60, 30, 60	12	2	75	Truck frme
17	12, 35, 2.3, 32, 17	10	2	75	Truck frme
18	17.5, 25, 17.5, 15, 75(60), 1.5	10	0	70	Shtter guiderail
19	1.6, 30.5, 19	14	1	50	Sash
20	1.4, 10, 18, 100	10	0	50	Pillar of shutter
21	1.4, 40, 20	10	1	50	Pillar of shutter

付　録2　各種断面に対するスタンド段数，および，ロール軸直径

No.	Formed shapes	Number of stands		Spidol Dia.(mm)	Uses
		H	V		
22		16	4	60	Outside bord of refrigerator
23		12	0	60	Sash
24		11	0	60	Sash
25		10	0	65	Building frame
26		7	0	60	Sash
27		11	0	50	Sash
28		12	1	50	Sash

No.	Formed shapes	Number of stands H	Number of stands V	Spidol Dia.(mm)	Uses
29	(33 wide, 16 tall, 11, 2)	13	0	60	Show-case pillar
30	(450 wide, 150, 7)	17	3	215	Steel deck
31	(200, 3.2, 70)	6	0	120	Vessel parts
32	(250, 12.5, 9(6))	10	0	230	Pillar parts
33	(26, 10, 2, 25, 9.5)	9	2	60	Sash
34	(34, 25, 2, 13.5)	10	0	60	Sash
35	(110, 40, 2.3, 15)	12	3	65	Pillar of pen

付　録2　各種断面に対するスタンド段数，および，ロール軸直径

No.	Formed shapes	Number of stands		Spidol Dia.(mm)	Uses
		H	V		
36		8	0	65	Sash
37		9	0	55	Sash
38		13	0	101.6	Truck frame
39		16	6	60	Door frame
40		9	0	65	Truck frame
41		11	0	65	Truck frame
42		6	0	45	Frame for electric refrigerator

No.	Formed shapes	Number of stands H	Number of stands V	Spidol Dia.(mm)	Uses
43	0.5, 5, 0.8, 15~45, 7~11, 432~739	9	0	45	Frame for electric refrigerator
44	86.5, 5, 15, 34, 1.6, 12	12	0	60	Sash
45	22.7, 20, 15, 35, 2.3, 50	14	3	65	Truck frame
46	40, 120, 40, 2.3, 40	13	0	70	frame
47	25, 25, 2.3, 40, 35	8	0	65	frame
48	23, 14, 0.5	23	3	40	Curtain rail
49	282, 5, 36	16	1	230	Civil engineering and constructin (B-SF)

付　録2　各種断面に対するスタンド段数，および，ロール軸直径

No.	Formed shapes	Number of stands H	Number of stands V	Spidol Dia.(mm)	Uses
50	2.3(1.6), 33, 200	9	0	63.5	Civil engineering and construction
51	370, 6(5), 75	15	2	230	Civil engineering and construction
W-1	1.2, 75, 710	26	0	101.6	Building frame (Deck-plate)
W-2	1.2, 60, 600	25	0	101.6	Building frame (Deck-plate)
W-3	50, 1.6, 650	23	0	100	Building frame (Deck-plate)
W-4	25, 1.2, 650	15	0	125 / 110	Building frame (Keystone plare)
W-5	1.6^t (1.2^t) 46, 650	16	0	110	Building frame (Keystone plare)

No.	Formed shapes	Number of stands		Spidol Dia.(mm)	Uses
		H	V		
W-6	1.6ᵗ (0.8ᵗ) 25 / 650	16	0	110	Building frame (Keystone plare)
W-7	1.6ᵗ 73 / 600	14	0	85	Building frame (Deck-plate)
W-8	1.6ᵗ 51 / 614	13 14	0	100	Building frame (Deck-plate)
W-9	0.5ᵗ 10 / 164	10	0	30	Exprimental shape formed by lab.

参 考 文 献

1) 加藤健三：冷間ロール成形，日刊工業新聞，(昭和52年)
2) 第3版鉄鋼便覧(Ⅵ)，丸善，(昭和60年)
3) JISハンドブック鉄鋼1988，日本規格協会
4) 鉄鋼年鑑　鉄鋼新聞社．(昭和50年～平成14年)
5) 鈴木弘　木内学，中島聡　赤堀明夫：基本的断面形状に関する実験(1)，塑性と加工，vol. 10 no. 97 (1969-2)
6) 鈴木弘　木内学，中島聡　赤堀明夫　雪竹泰三，柴田忠臣：基本的断面形状に関する実験(2)，塑性と加工，vol. 10 no. 98 (1969-3)
7) 鈴木弘　木内学，木村紘：円弧の連なった形状および円弧と直線の連なった形状に関する実験，塑性と加工，vol. 12 no. 123 (1971-4)
8) 鈴木弘　木内学，新谷賢：台形並びに台形と直線の連なった形状に関する実験(2)，塑性と加工，vol. 16 no. 169 (1975-2)
9) 鈴木弘　木内学，新谷賢　三浦史明：台形溝形を有する波板の成形過程における板材の変形挙動に関する検討(2)，塑性と加工，vol. 18 no. 196 (1977-5)
10) 鈴木弘　木内学，中島聡　市山田正明：円弧形断面タンデム成形の変形経路の分類　塑性と加工，vol. 11 no. 112 (1970-5)
11) 鈴木弘　木内学，中島聡　市山田正明：V形・台形断面タンデム成形の変形経路の分類　塑性と加工，vol. 13 no. 138 (1972-7)
12) 鈴木弘　木内学，新谷賢：台形並びに台形と直線の連なった形状に関する実験(1)，塑性と加工，vol. 15 no. 162 (1974-7)
13) 鈴木弘　木内学，中島聡　高田研二：V形断面を有する製品の形状に関する検討，塑性と加工，vol. 15 no. 163 (1974-8)
14) 鈴木弘　木内学，高田研二：円弧形断面を有する製品の形状に関する検討，塑性と加工，vol. 15 no. 165 (1974-10)
15) 鈴木弘　木内学，新谷賢　三浦史明：台形溝形を有する波板の成形過程における板材の変形挙動に関する検討(1)，塑性と加工，vol. 18 no. 194 (1977-3)
16) 鈴木弘　木内学，中島聡　市山田正明：円弧形断面タンデム成形の接触圧力分布，塑性と加工，vol. 11 no. 110 (1970-3)
17) 鈴木弘　木内学，中島聡　市山田正明：台形断面タンデム成形の接触圧力分布，塑性と加工，vol. 12 no. 130 (1971-11)
18) 鈴木弘　木内学，中島聡　高田研二：V形断面および他の基本断面のタンデム成形の接触圧

力分布, 塑性と加工, vol. 13 no. 133 (1972-2)

19) 鈴木弘, 木内学, 中島聡, 赤堀明夫：基本的断面形状に関する実験(3), 塑性と加工, vol. 10 no. 102 (1969-7)

20) 鈴木弘, 木内学, 中島聡, 赤堀明夫：基本的断面形状に関する実験(4), 塑性と加工, vol. 10 no. 102 (1969-7)

21) 鈴木弘, 木内学, 中島聡, 市山田正明：円弧形断面タンデム成形の成形荷重に関する検討(1), 塑性と加工, vol. 11 no. 119 (1970-12)

22) 斉藤好弘, 神藤宏明, 藤川充由, 加藤健三：V形断面のロール成形における製品形状に及ぼす素材材質の影響, 塑性と加工, vol. 18 no. 203 (1977-12)

23) 斉藤好弘, 神藤宏明, 藤川充由, 加藤健三：円弧形断面のロール成形における製品形状に及ぼす素材材質の影響, 塑性と加工, vol. 19 no. 205 (1978-2)

24) 小門純一, 小野田義富：薄鋼板にみぞ付け加工を行う場合の長手方向そりとひずみの推移, 塑性と加工, vol. 13 no. 132 (1972-1)

25) 小門純一, 小野田義富, 大野則夫, 卯田清司：広幅鋼板に円弧形断面みぞを単一スタンドにより成形するときに発生する縁波, 塑性と加工, vol. 17 no. 181 (1976-2)

26) 小野田義富, 小門純一, 藤原俊二, 斉藤晋三：広幅鋼板に円弧形断面みぞを単一スタンドにより成形するとき素材に発生する各ひずみ成分の挙動, 塑性と加工, vol. 18 no. 202 (1977-11)

27) 小野田義富, 小門純一, 藤原俊二, 斉藤晋三：台形断面みぞの単スタンド成形時に生ずる膜応力及びせん断応力, 塑性と加工, vol. 18 no. 202 (1977-11)

28) 小野田義富, 小門純一, 藤原俊二, 斉藤晋三：タンデム成形における材料及びロール配列と材料に発生するひずみ, 塑性と加工, vol. 20 no. 222 (1979-7)

29) 小野田義富, 小門純一, 斉藤晋三：タンデム成形時に素材に発生する膜応力及びせん断応力, 塑性と加工, vol. 20 no. 223 (1979-8)

30) 小門純一, 小野田義富：広幅鋼板に円弧形断面みぞを単一スタンドにより成形する場合の成形荷重, 塑性と加工, vol. 13 no. 142 (1972-11)

31) 小門純一, 小野田義富：広幅鋼板に円弧形断面みぞを単一スタンドにより成形する場合の成形トルク, 塑性と加工, vol. 14 no. 151 (1973-8)

32) 小野田義富：竪形円錐ロールのケージ方式によるチャンネル成形, 塑性と加工, vol. 23 no. 259 (1982-8)

33) 小野田義富, 石井正巳：フレキシブルケージフォーミング法によるウインドモール材の成形, 塑性と加工, vol. 26 no. 294 (1985-7)

34) 小奈弘, 神馬敬：冷間ロール成形機の加工精度向上に関する研究, 塑性と加工, vol. 19

参考文献

no. 208 (1978-5)
35) 小奈弘，神馬敬：冷間ロール成形機の加工精度向上に関する研究，塑性と加工，vol. 20 no. 225 (1979-10)
36) 小奈弘，神馬敬，中山淳，松田正一：チャンネル，ハット及び C 形鋼の切断口近傍の変形，塑性と加工，vol. 24 no. 268 (1983-5)
37) 小奈弘，神馬敬，嶋田政志，森本秀夫：広幅断面材のポケットウエーブ，塑性と加工，vol. 23 no. 258 (1982-7)
38) 小奈弘，神馬敬，嶋田政志 ：広幅断面材の縁波，腰折れ，割れ及びひねれ，塑性と加工，vol. 23 no. 259 (1982-8)
39) 小奈弘，神馬敬，深谷直好：非対称チャンネル断面材の成形に関する研究，塑性と加工，vol. 22 no. 251 (1981-12)
40) 比良隆明，阿部英夫，中川吉左衛門，小泉豊，佐伯正介：ロールフォーミングにおけるポケットウエーブと材料特性との関係，塑性と加工，vol. 20 no. 225 (1979-10)
41) 三原豊，鈴木孝司，山野辺勇：大形 U 形鋼の開発と技術的諸問題，塑性と加工，vol. 23 no. 259 (1982-8)
42) 渡利久規，小奈弘，上野孝雄，伊澤悟：プレノッチ冷間ロール成形品の形状欠陥，塑性と加工，vol. 36 no. 409 (1995-2)
43) 高田研二：広幅材・形材のロール成形におけるプリセットと技術的諸問題，塑性と加工，vol. 38 no. 443 (1997-12)
44) 小奈弘，市川茂樹，仲子武文，竹添明信：制振鋼板のロール成形における折れ曲がり，ずれ，剥離，塑性と加工，vol. 30 no. 347 (1989-12)
45) 平井亀雄，岩崎芳明：冷間ロール成形用潤滑剤，塑性と加工，vol. 20 no. 225 (1979-10)
46) 木内学：各種変形形態に対応する応力分布(1)，塑性と加工，vol. 10 no. 104 (1969-9)
47) 木内学：各種変形形態に対応する応力分布(2)，塑性と加工，vol. 10 no. 104 (1969-9)
48) 鈴木弘，木内学，木村紘：成形過程におけるひずみ経路と付加的ひずみ成分の影響，塑性と加工，vol. 11 no. 112 (1970-5)
49) 木内学：スタンド間の変形曲面形状と付加的ひずみ成分の分布(1)，塑性と加工，vol. 12 no. 120 (1971-1)
50) 木内学，高田橋俊夫，江藤文夫：ロールフォーミング加工のシミュレーションモデルの開発，塑性と加工，vol. 27 no. 306 (1986-7)
51) 木内学，高田橋俊夫：形材のロールフォーミング加工のシミュレーション，塑性と加工，vol. 27 no. 308 (1986-9)
52) 木内学，高田橋俊夫：ロールフラワーの自動設計，塑性と加工，vol. 27 no. 311 (1986-12)

53) 木内学, 高田橋俊夫：ロールフラワーの自動設計システムの応用, 塑性と加工, vol. 28 no. 312 (1987-1)
54) 木内学, 阿部研仁：広幅断面材成形時の素板の変形特性の解析, 塑性と加工, vol. 35 no. 405 (1994-10)
55) 小野田義富, 若松英士：ハット形材の成形過程における素板の変形挙動, 塑性と加工, vol. 44 no. 510 (2003-7)
56) 小野田義富, 若松英士：ハット形材の成形過程における素板の変形挙動におよぼす曲げ角度およびウエブ幅の影響, 塑性と加工, vol. 44 no. 510 (2003-7)
57) 小野田義富, 若松英士：ハット形材とチャンネル材の成形過程における素板の変形挙動の比較, 塑性と加工, vol. 44 no. 510 (2003-7)
58) 仲町英治, 濱田佳紀：動的陽解法弾塑性有限要素法によるロールフォーミング解析, 塑性と加工, vol. 41 no. 472 (2000-5)
59) 小奈弘, 神馬敬：軽量形鋼用ロールの設計法, 塑性と加工, vol. 24 no. 270 (1983-7)
60) 山田将之, 山田建夫：フレキシブル・エッジ・フォーミング法の提案, 塑性と加工, vol. 38 no. 443 (1997-12)
61) 木内学, 王飛舟：ブレークダウン成形における縁部変形の数値解析, 塑性と加工, vol. 38 no. 443 (1997-12)
62) 木内学, 王飛舟：電縫管の成形・Involute Formingによる縁曲げに関する数値解析, 塑性と加工, vol. 38 no. 443 (1997-12)
63) 小野田義富, 川井彰, 小林英市：電縫管のWベンド成形およびUベンド成形における素板の変形特性の有限要素シミュレーション, 塑性と加工, vol. 34 no. 395 (1993-12)
64) 住本大吾, 羽田憲治：電縫鋼管成形時に板端部に発生する圧痕低減化に関する研究, 塑性と加工, vol. 42 no. 490 (2001-11)
65) 小野田義富：フルケージ式フォーミングミルにおける薄肉電縫管のフィンパス成形荷重, 塑性と加工, vol. 34 no. 385 (1993-2)
66) 小野田義富, 豊岡高明：フルケージ式フォーミングミルにおけるダウンヒル量・フィンパス・リダクションスケジュールの素管形状に及ぼす影響, 塑性と加工, vol. 30 no. 347 (1989-12)
67) 木内学, 新谷賢, 江藤文夫, 高田橋俊夫：フィンパス成形のおける変形断面の形状特性, 塑性と加工, vol. 27 no. 301 (1986-2)
68) 木内学, 新谷賢, 江藤文夫, 高田橋俊夫：フィンパス成形のおける素板縁部の変形特性, 塑性と加工, vol. 27 no. 303 (1986-4)
69) 小野田義富：電縫管のフィンパス成形のおける増肉挙動の有限要素シミュレーション, 塑性

参考文献

と加工, vol. 30 no. 346 (1989-11)

70) 神馬敬　春日幸生：一般配管用 18-8 ステンレス鋼溶接管の製造実験, 塑性と加工, vol. 26 no. 289 (1985-2)

71) 神馬敬　春日幸生：SUS304 薄肉溶接管の製造実験, 塑性と加工, vol. 27 no. 304 (1986-5)

72) 春日幸生　神馬敬　山口善郎：SUS304 溶接管製造の溶接・冷却工程時における温度ならびに膜応力解析, 塑性と加工, vol. 30 no. 338 (1989-3)

73) 春日幸生，神馬敬：SUS304TIG 溶接管残留応力の簡易解析法, 塑性と加工, vol. 30 no. 338 (1989-3)

74) 春日幸生　神馬敬　渡辺三雄：SUS304 薄肉溶接管の残留応力測定ならびにその軽減法, 塑性と加工, vol. 30 no. 342 (1989-7)

75) 小野田義富，長町拓夫　木村貞男：エクストロールフォーミングにおける角鋼管のコーナー部の断面形状に及ぼす成形条件の影響, 塑性と加工, vol. 33 no. 376 (1992-5)

76) 小野田義富，長町拓夫　木村貞男，北脇岳夫：エクストロールフォーミングにより溶接丸鋼管から角鋼管を再成形する場合の素管押し込み荷重および成形荷重, 塑性と加工, vol. 34 no. 388 (1993-5)

77) 小野田義富，長町拓夫：厚肉正方形角鋼管のエクストロールフォーミングプロセスの有限要素シミュレーション, 塑性と加工, vol. 30 no. 345 (1989-10)

78) 小野田義富，長町拓夫　大柴茂：厚肉長方形角鋼管のエクストロールフォーミングプロセスの有限要素シミュレーション, 塑性と加工, vol. 30 no. 346 (1989-11)

79) 小野田義富，長町拓夫　杉山努：正方形角鋼管のエクストロールフォーミングにおける増肉挙動の有限要素シミュレーション, 塑性と加工, vol. 36 no. 409 (1995-2)

80) 小野田義富，長町拓夫　木村貞男，北脇岳夫：エクストロールフォーミングによる正方形角鋼管の断面形状に及ぼすエクスパンド方式の角化予成形の影響, 塑性と加工, vol. 36 no. 412 (1995-5)

81) 小野田義富，長町拓夫　木村貞男，北脇岳夫：エクストロールフォーミングによる正方形角鋼管の断面形状に及ぼす角化予成形量の影響, 塑性と加工, vol. 37 no. 427 (1996-8)

82) 劉福軍，小野田義富，長町拓夫　木村貞男，北脇岳夫：エクストロールフォーミングによる正方形角鋼管の断面形状に及ぼす角化予成形方式の影響, 塑性と加工, vol. 38 no. 443 (1997-12)

83) 長町拓夫　小野田義富，木村貞男，北脇岳夫：インナーロール併用方式のエクストロールフォーミングによる 6 角形角鋼管のコーナー部の断面形状, 塑性と加工, vol. 43 no. 503 (2002-12)

84) 小野田義富，若松英士：エクストロールフォーミングにより再成形加工される正方形角鋼管

の断面形状の簡易予測法の検討, 塑性と加工, vol. 44 no. 504 (2003-1)
85) 木内学, 新谷賢, 三浦史明, 岩崎利弘：平形2・ロール・円弧形2・ロールによる平管・楕円形の成形, 塑性と加工, vol. 20 no. 225 (1979-10)
86) 木内学, 新谷賢, 岩崎利弘, 戸沢正孝：溝形2・ロールによる角管の成形, 塑性と加工, vol. 21 no. 228 (1980-1)
87) 木内学, 新谷賢, 戸沢正孝：ボックス形2・ロールによる矩形管の成形, 塑性と加工, vol. 21 no. 231 (1980-4)
88) 木内学, 新谷賢, 戸沢正孝：角管成形の成形荷重に関する検討, 塑性と加工, vol. 21 no. 232 (1980-5)
89) 木内学, 新谷賢, モスレミ ナイニ ハッサン：円管から十字形管への再成形過程に関する数値解析, 塑性と加工, vol. 40 no. 459 (1999-4)
90) 木内学, モスレミ ナイニ ハッサン, 新谷賢：円管から凹形管への再成形に用いるロールの自動設計法, 塑性と加工, vol. 41 no. 472 (2000-5)
91) 伊丹美昭, 阿高松男, 柴田充蔵：電縫鋼管の残留応力に及ぼすサイザーの影響, 塑性と加工, vol. 36 no. 419 (1995-12)
92) 伊丹美昭, 阿高松男, 柴田充蔵：管端変形のメカニズムと真円度向上技術, 塑性と加工, vol. 36 no. 419 (1995-12)
93) 伊丹美昭, 阿高松男：電縫鋼管の2ロールサイザーの変形解析, 塑性と加工, vol. 37 no. 431 (1996-12)
94) 伊丹美昭, 阿高松男, 的場哲：電縫溶接部強度の管端変形に及ぼす影響, 塑性と加工, vol. 38 no. 443 (1997-12)
95) 中田勉：電縫管のロールフォーミング技術の動向と諸問題, 塑性と加工, vol. 38 no. 443 (1997-12)
96) 豊岡高明, 板谷元晶：電縫管の製造技術の動向と諸問題, 塑性と加工, vol. 38 no. 443 (1997-12)
97) 木村貞男：角管・異形管のロールフォーミングと技術的諸問題, 塑性と加工, vol. 38 no. 443 (1997-12)
98) 住本大吾, 羽間憲治, 大沢隆, 菊間敏夫：電縫管成形におけるクロスロールを用いたエッジベンド成形法の開発, 塑性と加工, vol. 42 no. 486 (2001-7)
99) 住本大吾, 羽間憲治, 大沢隆, 菊間敏夫：電縫管成形におけるクロスロールを用いたエッジベンド成形法の特性, 塑性と加工, vol. 42 no. 486 (2001-7)
100) Ona, H : Cold roll forming for high tensile strength steel proposition on forming of thin spring steel sheet pipe, J. Mater. Process. Technol., 153/154 (2004), 725-730

101) 小奈弘：薄板ばね材によるパイプの製造方法, 塑性と加工, 45-524 (2004), 247-252.
102) Fox, S. R. et al. : Design expressions based on a finite elemental model of a stiffened cold-formed steel c-section, ibid., 130-5 (2004), 708-714.
103) Young, B. : Behavior of cold-formed high strength stainless steel sections, J. Struct. Eng., 131-11 (2005), 1738-1745.
104) Kosteski, N. : Notch toughness of intonation-alloy produced hollow structural sections, J. Struct. Eng., 131-2 (2005), 279-286.
105) 滝沢潤一郎：PAM-STAMP によるロールフォーミング解析, Calsonic Kansei Tech. Rev., 3 (2006), 86-89.
106) Ren, W. X. et al. Finite-element simulation and design of cold-formed steel channels subjected to web cripping, J. Struct. Eng., 132-12 (2006), 1967-1975.
107) 木村貞男：「冷間ロール成形」で繋いだ日本と中国, 塑性と加工, 47-550 (2006), 1044-1048.
108) Lindgren, M. : Cold roll forming of a U-channel made of high strength steel, J. Mater. Process. Technol., 186 (2007), 77-81.
109) Lindgren, M. : Experimental investigation of the roll load and roll torque when high strength steel is roll formed, ibid., 191 (2007).
110) Lindgren, M. : An Improved Model for the Longitudinal Peak Strain in the Flange of a Roll Formed U-Channel developed by FE-Analyses, Steel Rs. Int., 78 (2007), 82-87.
111) Troive, L. et al. : Roll Forming and the Benefits of Ultrahigh Strength Steel, Ironmak Steel mark, 35-4 (2008), 251-253.
112) Moen, C. D. et al. : Prediction of Residual Stresses and Strains in Cold-Formed Steel Members, Thin-walled structures, 46-11 (2008), 1274-1289.
113) 橋本博秋：熱交換器用ディンプル付チューブの成形工法の開発, Calsonic Kansei Technical, 5 (2008), 37-40.
114) Bui, Q. V. et al. : Numerical Simulation of Cold Roll-Forming Processes, J. Mater. Process. Tecnol., 202-1-3 (2008), 275-282.
115) Joeng, S. H. et al. : Computer Simulation of U-Channel for Under-Rail Roll Forming Using Rigid-Plastic Finite Element Methods, ibid., 202-1-3 (2008), 118-122.
116) Lindgren, M. et al. : Roll Forming of Partially Heated Cold Rolled Stainless Steel, J. Mater. Process. Technol., 209-7 (2009), 3117-3124.
117) Zeng, G. et al. : Optimization Design of Roll Profiles for Cold Roll Forming Based on Response Surface Method, Materials & Design, 30-6 (2009), 1930-1938.
118) Goertan, M. O. et al. : Roll Forming of Branched Profiles, J. Mater. Process. Technol.,

209-17 (2009), 5837-5844.
119) Jiang, J. et al. : Research on Strip Deformation in the Cage Roll-Forming Process of ERW Round Pipes, J. Mater. Process. Technol., 209-10 (2009), 4850-4856.
120) Deng, H. et al. : Strain Measurement of Forming Process Using Digital Imaging, Mater. Sci. Technol., 25-4 (2009), 527-532.
121) 井口敬之助ほか : 電縫鋼管のロール成形シミュレーション 第2報 塑性と加工, 54-628 (2013), 436-440.
122) 中田勉 : 冷間ロール成形 FEM 技術の開発と新 FFX ミルの実用化, 塑性と加工, 51-599 (2010), 1178-1179.
123) 中田勉ほか : フレキシブルロールフォーミング法について, 塑性と加工, 51-591 (2010), 302-307.
124) 吉本久泰 : 12週間でマスター PC シーケンス制御, 東京電機大学出版局, (2006).
125) 日野満司ほか : シーケンス制御を活用したシステムつくり, 森北出版株式会社, (2006).
126) P. Groche et al. : New Tooling Concepts for Future Roll Forming Applications, 4th I. C. on Industrial Tools, pp. (2003) 121-126.
127) 小奈弘 : Study on development of Flexible Cold Roll Forming Machine, 8th ICTP, (2005), 503-504.
128) 小奈弘ほか : ON DEVELOPMENT OF FLEXIBLE COLD ROLL FORMING MACHINE, 9th ICTP, (2008), 769-770.
129) 劉継英 : Innovation of Roll forming Technology to Face the Challenge of Fast Developing, Beijing Tube 2010 International technical conference, (2010), 23-30.
130) M. Lindgren : Experimental and computational Investigation of the Roll Forming Process, Doctoral thesis, Lulea University of technology, (2009), Sweden.
131) 小奈弘 : ロール設計 CAD とサーボ冷間ロール成形機械の開発, 塑性と加工, 51-599 (2010), 1176-1177.
132) 小奈弘ほか : サーボ冷間ロール成形機械の開発―フレキシブル断面材の成形―, 塑性と加工, 51-594 (2010), 669-673.
133) 蒋昱昊ほか : フレキシブル溝形断面の成形における各ひずみ成分の挙動―フレキシブル冷間ロール成形機械の開発―, 塑性と加工, 53-620 (2012), 842-846.
134) 蒋昱昊ほか : フレキシブル溝形断面材のフランジ幅精度―フレキシブル冷間ロール成形機械の開発―, 塑性と加工, 54-630 (2013).

索　引

あ

アクチュエータ　7
あばら波　44, 79

い

位置制御　4
軽量形鋼　1

え

エッジフォーミング方式　27, 46

お

オイルキャン　71
オーバベンドロール成形　69

か

回転スタンド　65, 68

き

キーストンプレート断面材のロール設計例　42, 107
切口変形　81,
逆曲げロール　57

け

形状因子関数　13, 15, 16
ケージフォーミング　18
兼用ロール　15

こ

腰折れ　79

さ

サイジングロール　58
サーキュラフォーミング方式　24, 45
サッシュ断面　32
残留捩じりモーメント　82, 84
残留曲げモーメント　82, 84
三次元(3D)ロールフォーミング　9

し

出力インタフェース　3
姿勢制御　4
C形材　14
C形成形　37
C形断面曲線　33
シューフォーミング　18

す

水平ロール　13,　131

せ

成形段数　12,　13,　15,　17
全溝同時成形　21
旋回盤　4

そ

素板板幅の計算　49

た

対称断面材　13,,　19,　31
多角形フレキシブルパイプ　88
縦ロール　13,　131
ダブルラデイアスフォーミング方式　29,　47
断面二次モーメント主軸　39,　67
タンデムFCRF機械　6
Darmstadt大学　9

ち

逐次二分法　106
逐次溝成形　23
長尺異形断面材　86

て

ディジタル信号　3

適正オーバベンドロール角度　32,　34,　83
出口矯正機　62
デッキプレート断面材　41

と

投影軌跡　19　21　23　29
トラックフレーム断面　36,　38

な

長手方向そり　59,　61,　62
長手方向曲げひずみ　61

に

入力インタフェース　3

ね

ねじれ　67,　68,　70

は

ハット形成形　37
ハット形断面曲線　33
ハット形材　13,
パイプ断面材　17,　24,　45,　98
パイプ断面の自動設計プログラム　104

ひ

表面ひずみ　88

索　引

Visual C++ソフト　*91*
Visual C++.NET2003 の操作手順　*91*
日立金属カタログ No.265　*131*
非対称断面材　*15, 21, 36, 63*
広幅断面材　*16, 21, 41*
広幅断面の自動設計プログラム　*107*
PLC 制御　*1*

ふ

フレキシブル軽量形鋼　*1*
フィンパス成形　*8*
縁波　*76, 78*
ブラインドコーナ　*35, 38, 57*
ブレークダウン成形　*8*
プログラム制御スリッターロールスタンド　*90*
プログラム制御冷間ロール成形機　*86*
分割ロール　*15*
FCRF 機械　*1*
膨らみ変形　*85*

へ

変動指数　*20　24　27*

ほ

北方工業大学　*9*
ポケットウエーブ　*71, 73, 74*

ま

膜ひずみ　*62, 88*
マクローリン展開　*25, 28*
曲げ角数　*12,*
曲げ角度配分式　*19, 21, 24*
曲げひずみ　*62*
曲がり　*63*

み

溝形断面の自動設計プログラム　*104*

も

モータの容量　*129*

り

リニアエンコーダ　*2*

る

Lulea 大学　*9*

ろ

ロータリエンコーダ　*2*
ロール圧下調整　*62*
ロール軸径とロール軸長　*128*
ロール周速　*53*
ロールシム調整　*65, 68, 70*
ロール成形荷重　*128*
ロール成形実験　*5*

ロール成形理論　7
ロールの図面化　55
ロール幅の決定　55
ロールパスライン直径　53
ロールフラワー　41
ロールレスフォーミング　18
ロゼットゲージ　87

わ

割れ　79

―著者略歴―

小奈 弘 (おな ひろし)
1967年　東京工業大学工学部助手
1983年　工学博士(東京工業大学)
1992年　拓殖大学工学部教授
2013年　拓殖大学名誉教授

フレキシブル軽量形鋼
Visual C++ によるロールの自動設計
フレキシブル冷間ロール成形機械

Technology on Forming of Flexible Light Gauge Steels
Computer Aided Design of Roll by Visual C++
Flexible Cold Roll Forming Machine

© Hiroshi Ona 2013

2005年8月20日	初版第1刷発行
2013年8月20日	改題新版第1刷発行

検印

著　者　小奈　弘
〒192-0907 東京都八王子市長沼町 28-114
　　　電話 042-635-2297
　　　URL:http://www.furekishiburu-zai.jp/

〒162-0801 東京都新宿区山吹町 342
製　作　新日本印刷株式会社
　　　電話 03-3269-3611　FAX 03-5261-7505

〒112-0011 東京都文京区千石 4-46-10
取次販売所　株式会社　コロナ社
　　　電話 03-3941-3131(代)
　　　振替 00140-8-14844
ホームページ http://www.coronasha.co.jp

ISBN978-4-339-08396-5

無断複写・転載を禁ずる